나는 튀는 도시보다 참한 도시가 좋다

나는 튀는 도시보다 참한 도시가 좋다 / 지은이: 정석. ―
파주 : 효형출판, 2013
    p. ; cm

ISBN 978-89-5872-118-5 03540 : ₩16,000

도시 계획[都市計劃]
도시 환경[都市環境]

539.7-KDC5
711.4-DDC21   CIP2013005434

나는 튀는 도시보다 참한 도시가 좋다

정석 교수의 도시설계 이야기

효형출판

대학교 2학년 어린 제자가 갈피를 못 잡고 방황할 때
도시 공부의 맛과 도시설계의 길을 보게 해주신
나의 스승 주종원 교수님께 이 책을 바칩니다.

여는 글

참한 도시를 향한 여정을 시작하며

 3년 전 어느 여름날, 낯선 이메일 한 통을 받았습니다. 중학교 2학년이라는 그 친구는 옥상 조명에 관한 연구를 진행 중인데 도움을 얻을 수 있을지 물어왔습니다. 메일을 읽고 깜짝 놀란 것도 잠시, 이내 아주 진한 감동을 받았습니다. 이야긴즉 이랬습니다. 여름방학 숙제인 개기일식 관찰을 위해 아파트 옥상에 올라갔더니 옥상에 설치된 조명 기구 부근에 무당벌레들이 집단으로 죽어 있었답니다. 대개는 무심코 넘어갔을 상황에서 이 친구는 문제를 느끼고 연구를 시작하게 된 겁니다.
 '왜 하필 무당벌레들이 이곳으로 날아와 타 죽었을까? 조명이 무당벌레를 유인한 것은 아닐까? 무당벌레 한 마리는 한 해에 진딧물을 4000마리나 잡아먹는 매우 유익한 곤충인데, 왜 무당벌레들이 죽어가야 할까?' 이렇게 시작한 연구가 1년 가까이 이어졌고, 숙제를 제출하기 전에 전문가의 도움을 받고자 저한테까지 연락이 오게 된 것입니다. 조명과 곤충에 대해서는 문외한인지라 주변에 수소문해 조명 분야 전문가를 그 친구에게 소개해주었습니다. 그리고 일주일 뒤 연구 보고서 파일을 메일로 받았습니다.
 「아파트 옥상 조명이 곤충의 생태에 미치는 영향: 무당벌레를 중심으로」. 연구 보고서의 제목입니다. 보고서를 읽으며 한 번 더 놀랐습니다. 보고서에는 분명한 연구 동기는 물론 무당벌레의 생태와 곤충 자원의 중요성, 그리고 무려 1년 가까이 관찰한 내용이 충실히 기록돼 있었습니다. 유익 곤충인 무당벌레를 보호하기 위해 현재의 메탈핼라이드 램프를 곤충을 유인하지 않는 무자충無紫蟲 램프로 교체하고, 옥상에 무당벌레의 서식 공간이 될 도시텃밭을 가꾸자는 방안도 제시했습니다.

보고서를 다 읽고선 긴 답장을 보냈습니다. 무심히 지나칠 수도 있는 상황에서 곤충들의 죽음을 유심히 살피고 연구를 시작한 그 '마음'이 참 좋았다는 이야기와 연구를 혼자서만 하지 않고 아파트 관리소장님, 송파구청 담당자, 관련 분야 전문가들을 찾아 의논하고 도움을 받으며 진행한 점들도 칭찬해주었습니다. 조금 아쉬운 점도 이야기해주었지요. 옥상 조명에 관한 법규를 검토해서 법규에 문제점이 없는지를 확인하고, 이 문제를 주민들과 함께 풀면 더 좋겠다는 의견도 주었습니다. 그러나 생각할수록 기특했습니다. 중학생이 이런 멋진 연구 보고서를 써냈다는 것 자체가 참 놀라운 일이었습니다.

아파트의 재산 가치를 과시하거나 멋 부리기 위해 비싼 돈을 들여 만든 조명이 수천 마리의 무당벌레를 죽이고 있다는 사실을 저는 몰랐습니다. 그런 저에게 꼬마 과학자가 새로운 진실을 알려준 것입니다. 연구 보고서 맨 끝 구절이 지금도 가슴에 애잔하게 남습니다.

문득 시애틀 추장의 말이 생각난다. 자연은 우리의 어머니다. 우리의 형제자매다.
내가 살겠다고 어찌 내 어머니, 내 형제자매를 해치고 병들게 방치할 수 있겠는가?

지금 우리 도시에는 '튀는 건물'들이 빠르게 늘고 있습니다. 재건축된 대부분의 고층 아파트들은 옥상과 외벽에 튀는 조명을 달고, 별난 모양을 하고서는 어떡하든 튀려 합니다. 민간 건축물만의 일이 아닙니다. 세빛둥둥섬과 서울시청사, 동대문디자인플라자 같은 공공 건축물조차 튀는 건물 일색으로 내달리고 있습니다. 튀는 건축, 튀는 도시가 곧 좋은 건축, 좋은 도시일까요? 그렇지 않습니다. 치열한 경쟁 시대이니 남들보다 튀어야 살아남을 수 있을지 모르지만 튀기에 앞서 먼저 참해야 하겠지요. 기초가 튼튼하고, 진실되고, 건강하고, 자신만의 매력을 스스로 알고 드러내는 사람이 좋은 사람이듯 건축이나 도시도 마찬가지입니다.

도시설계에 대한 오해가 많습니다. 도시설계를 엉뚱하게 생각하고 행하는 예들이 주위에 숱합니다. 랜드마크를 조성하고 명품 도시를 만든다는 미명 아래 '튀는 도시' 만들기에 몰두하고 그것이 도시설계인 양 착각하는 시장이나 군수, 구청장 들도 적지 않습니다. 도시설계를 그저 예쁘게 꾸미는 일로, 심지어는 튀는 건물을 세우고 화끈한 이벤트를 벌이는 일로 오해하고 있습니다. 건물을 바라보는 시각이나 건축에 대한 생각도 마찬가지인 것 같습니다. 네모반듯한 건물은 성냥갑이나 군대 막사로 폄하하면서, 비틀고, 휘고, 꺾고, 연체동물 모양으로 주물러놓거나, 유리로 뒤집어 씌워야 좋은 건축으로 여깁니다. 이런 게 도시설계일까요? 그렇지 않습니다. 도시설계는 튀는 도시를 만드는 일이 결코 아닙니다.

오세훈 전 서울시장이 열심히 추진했던 '디자인 서울 프로젝트'는 장점도 많습니다. 그러나 세빛둥둥섬과 동대문디자인플라자 건설이라든가, 한강에 인공 섬을 짓고 중랑천에까지 유람선을 띄우려 했던 한강 르네상스 프로젝트 같은 사례들은 많은 문제를 드러내기도 했습니다. 디자인 서울 프로젝트의 근본적 한계 역시 도시에 대한 인식과 도시설계에 대한 접근 방식의 문제로 귀결됩니다. 디자인 서울 총괄본부 초대 본부장을 맡았던 권영걸 교수가 오세훈 시장의 디자인 서울 프로젝트를 기록하여 펴낸 책의 제목이 『서울을 디자인한다』였지요. 책의 첫머리는 이렇게 시작됩니다.

서울을 디자인하라! 오세훈 시장의 강연 제목이다. 우리는 그가 세운 디자인 서울이라는 푯대를 향해 일로매진하였다. 이 책은 그 이후 일어난 일들에 관한 기록이다.

'서울을 디자인하라'는 말은 얼핏 보면 그럴듯해 보이지만 실은 말이 되지 않습니다. 천만 시민의 삶터 서울이 마치 물건 디자인하듯, 건물 디자인하듯, 디자인의 '대상'이 될 수 있을까요? '서울을 디자인하라'는 말에 민선 4기 디자인 서울 정책의 한계가 고스란히 담겨있다는 게 저의 소견입니다. '디자인'이란 말은 같을지 몰라도, 도시설계는 제품디자인이나 시각디자인과는 상당한 차이가 있습니다. 제품디자인이나 시각디자인의 이론과 기법들이 도시설계에 유용하게 쓰일 수 있겠지만, 도시설계를 마치 물건 디자인하는 일 또는 멋진 작품 만드는 일처럼 생각하고 접근하는 것은 문제가 있습니다. 도시는 내가 좌지우지할 수 있는 디자인의 대상이 아닙니다. 도시는 나를 품고 나를 담는 그릇입니다. 도시는 세상입니다. 세상을 누가 지웠다 그렸다 할 수 있을까요? 세상을 누가 죽였다 살렸다 할 수 있을까요?

도시설계는 과연 무엇일까요? 도시설계는 참한 도시를 향해 걸어가는 여정이라 할 수 있습니다. 그렇다면 참한 도시는 어떤 도시일까요? 도시설계는 무엇을, 어떻게 해야 하는 것일까요? 이 질문에 명료하게 답을 해준 사람이 있습니다. 건축가와 대중의 소통 언어인 패턴 랭귀지Pattern Language를 창안해낸 크리스토퍼 알렉산더(Christopher Alexander, 1936~)가 바로 주인공입니다. 패턴 랭귀지란 건축가를 비롯한 설계자들이 고객들과 쉽게 소통할 수 있도록 만든 설계 언어입니다. 전문가들이 주로 사용하는 설계 언어는 평면도나 입면도 같은 도면인데 대중은 이같은 도면의 기호나 표현 방식을 잘 이해하지 못합니다. 그래서 그가 패턴 랭귀지를 고안한 것입니다. 유실수가 있는 마당, 그늘이 드리운 주차장, 옹기종기 모여 있는 집과 같은 쉬운 설계 언어 253개를 만들어냈습니다. 대학원 시절 『타임리스 웨이 오브 빌딩 초록An Early Summary of the Timeless Way of Building』을 통해 그의 글을 처음 접했습니다. 환경설계의 궁극적 목적이 '진실된 환경', '하나된 환경'을 창조하는 데 있다는 그의 글에 깊은 감동을 받아 읽고 또 읽었던 기억이 떠오릅니다.

> 진실된 환경. 가식이 없고 본성과 부합되며 진정성이 있는 참된 환경 그리고 수많은 요소들로 이루어져 있으면서도 하나로 통합된 환경, 다양성이 살아 넘치면서도 하나로 조화를 이룬 환경……

알렉산더의 글을 읽으면서 우리의 건축과 도시를 돌아보니 바로 지금 우리에게 들으라고, 눈을 뜨라고 외치는 그의 목소리가 생생히 들리는 듯합니다. 대상이 작은 방이든, 집이든, 동네든, 도시든, 국토든 환경설계의 본질은 다르지 않습니다. 참되어야 합니다. 그것이 본질입니다. 튀는 도시가 아니라 참한 도시, 그것이 도시설계의 꿈이고 길입니다.

이 책은 도시에서 살아가는 시민들에게 전하는 알기 쉬운 도시설계 이야기입니다. 튀는 도시보다 참한 도시가 참 좋은 도시라는 것을 구체적 사례를 들어 이야기합니다. 도시설계는 어렵지 않습니다. 우리가 살아가는 일상이고 상식이기 때문입니다. 시민들이 도시에 대해 또 도시설계에 대해 생각하고 꿈꿀 때 도시는 바뀝니다. 도시를 움직이는 것은 결국 시민이기 때문입니다.

참한 도시는 어떤 도시일까요? 이 책은 '자연미가 살아 있는 도시', '역사와 기억이 남아 있는 도시', '차보다 사람을 섬기는 도시', '우리 손으로 만든 도시'가 참한 도시라 답합니다. 그리고 각각 열 개 남짓한 구체적 이야기들을 통해 참한 도시의 모습을 생생하게 보여줍니다. 이 책에 소개되는 사례들은 대부분 제가 직접 연구하고 실천한 것들입니다. 연구원이자 학자로서 오랜 시간 연구하고 실천해온 서울과 우리 도시들의 도시설계 이야기입니다. 네댓 시간이면 읽을 수 있는 분량으로 글을 정리했습니다. 앞에서부터 차례차례 읽지 않아도 좋습니다. 목차를 훑어보고 읽고 싶은 꼭지부터 띄엄띄엄 읽어도 상관없습니다. 튀는 도시를 참한 도시로 바꾸려면 다른 방법이 없을 것입니다. 우리가 참한 시민이 되는 것, 그것만이 유일한 길입니다.

 이 책을 만들기까지 많은 분들의 도움을 받았습니다. 원고를 꼼꼼히 읽고 독자의 입장에서 쓴소리를 아끼지 않은 아내에게 고맙다는 말을 전합니다. 페이스북에 출간 준비 소식을 올릴 때부터 뜨거운 응원과 격려를 보내준 페이스북 친구들에게도 감사의 인사를 드립니다. 바쁜 시간을 쪼개어 초고를 읽고, 귀한 의견을 건넨 친구들과 지인들께도 큰 빚을 졌습니다. 첫 직장인 서울시정개발연구원에서 뜨겁게 뛰며 연구한 시간들이 있었기에 이 책을 출간할 수 있었습니다. 함께 연구하며 울고 웃던 동료 연구원과 공무원, 활동가 들에게 그리고 참한 도시의 진정한 주인이 바로 당신들임을 끊임없이 일깨워준 우리 도시의 시민과 주민들에게도 고개 숙여 감사를 드립니다.

2013년 5월

정석

차례

여는 글 참한 도시를 향한 여정을 시작하며　6

자연미가 살아 있는 도시가 참한 도시　15

세계에 하나뿐인 특별한 도시, 서울　16
시오노 나나미가 본 한강 그리고 20년　27
남산 제 모습 찾기와 단국대 사건　40
언덕 위의 먹튀 경관　48
프라하는 예쁘고, 서울은 밉고?　56
전망 좋은 집 신드롬　63
새들이 쉴 수도 없는 도시　73

역사와 기억이 남아 있는 도시가 참한 도시　81

구미호 재개발　82
건물이 냉장고입니까?　86
오래된 건물이 도시를 젊게 한다　92
보전이 개발보다 더 경제적이다　101
북촌 가꾸기와 인사동 지키기　104
복원을 개발처럼?　114
동대문 잔혹사　122
동병상련 서울, 북경, 동경　133

차보다 사람을 섬기는 도시가 참한 도시   139

    미노베 방정식과 보네르프   140
    횡단보도를 돌려주세요   148
    어르신의 길 건너기   157
    거주자우선주차가 빼앗은 아이들의 길   171
    불금의 인라인 행진과 차 없는 날 실험   179
    아름다운 육교는 없다   184
    길에 대한 건물의 태도   188
    걷고 싶은 도시, 울고 싶은 도시   193
    에스컬레이터 되살리기 50일   200

우리 손으로 만든 도시가 참한 도시   209

    서울의 골목길, 누가 디자인했을까?   210
    집안 살림, 마을 살림, 도시 살림   216
    러브호텔 도시 사람들의 참회록   221
    부평시장의 진짜 상인들   227
    2층으로 할까요? 3층으로 할까요?   233
    원순 씨와 마을공동체   240
    마을에 답이 있다, 마을공동체에 길이 있다   247

참한 도시 공부하기, 참한 시민 되기 255

제인 제이콥스의 눈으로 도시를 보자 256
정체성이 곧 경쟁력이다 264
좋은 시장 〈 좋은 시정 〈 좋은 시민 268
도시는 정치다 273
동네 아저씨로 돌아가자 279

닫는 글 참한 게 밥 먹여줄까? 286
찾아보기 290

1
—

자연미가 살아 있는
도시가
참한 도시

세계에 하나뿐인 특별한 도시, 서울

서울의 세 가지 매력

우리는 서울을 특별시라 부른다. 나라의 수도여서 이름 뒤에 특별시란 명칭을 붙이기도 하지만 서울은 본래 특별한 도시다. 서울이란 말의 여러 어원 가운데 하나인 '솟울'은 여러 울(타리) 중에서도 우뚝 솟은 빼어난 곳을 뜻한다. 조선시대에 서울을 그린 지도 가운데 〈수선전도〉가 있는데, 이처럼 서울을 '수선首善'이라 불렀던 것도 요즘 중국어로 서울을 '서우얼首爾'이라 표기하는 것도 다 같은 맥락이라 할 수 있다. 서울을 으뜸가는 도시로 부르는 것이다. 이름처럼 빼어난 도시이자 탁월한 도시인 서울의 매력은 무엇일까?

서울의 매력은 아주 많다. 그 가운데에서 으뜸가는 걸 꼽으라면 세 가지를 들고 싶다. 첫째는 자연이고, 둘째는 오랜 역사 그리고 셋째는 서울을 계획하고 설계했던 독특하고 우아한 마음이다. 서울은 자연이 아름답고 풍부한 도

서울의 모습을 하늘에서 내려다보면 동서를 가로질러 흐르는 한강과 서울을 에워싸고 있는 수많은 산들을 발견할 수 있다. 산과 강을 제외한 나머지 땅도 평지보다는 구릉지가 많다. 서울의 지형은 올록볼록하고 역동적이다. ⓒ서울연구원

시다. 백악산(북악산), 낙산, 목멱산(남산), 인왕산으로 이어지는 내사산內四山이 서울 중심부를 둘러싸고 있고, 삼각산(북한산), 아차산, 관악산, 덕양산으로 이어지는 외사산外四山을 비롯한 많은 산들이 서울의 바깥을 에워싸고 있다. 또 바다처럼 폭이 넓은 한강과 여러 지천들이 서울의 곳곳을 가로질러 흐른다. 거기에 언덕까지 발달해 있어 서울은 아주 역동적이고 변화무쌍한 지형을 지녔다. 평퍼짐한 도시들과는 모양새부터 전혀 다르다.

   자연이 발달한 도시답게 서울은 아름다운 조망, 즉 볼거리가 풍부하다. 세종로 사거리 도심 한복판에서 광화문을 바라보면 백악산의 짙푸른 녹지가 코

앞에 다가온다. 시내 곳곳에서는 도로 저 멀리 아스라이 보이는 산세를 즐길 수 있다. 이처럼 어디에서든 산을 볼 수 있는 도시가 서울 말고 또 어디 있겠는가. 서울을 한마디로 부른다면 '산도山都'는 어떨까? 옛날 아주 인기 있던 과자 이름이 아닌 산의 도시란 뜻에서 말이다.

서울의 또 다른 매력은 오랜 역사다. 흔히 서울을 600년 역사도시라고 부르는데 사실 서울의 역사는 훨씬 더 오래되었다. 600년 도시로 불리는 것은 서울이 조선왕조의 도읍지가 된 1394년으로부터 600여 년이 지났다는 뜻이다. 그러나 서울은 오랫동안 백제의 수도였다. 기원전 18년에 건국한 백제의 초기 도읍지는 위례성이었고, 이후 500여 년간 한성백제의 전성기를 보낸 곳이 바로 서울이었다. 풍납토성, 몽촌토성, 석촌동과 방이동의 백제고분 같은 유적들이 서울에 많이 남아 있다. 고려시대에도 서울은 삼경의 하나인 남경으로 불릴 만큼 어엿한 도시의 모습을 갖추었을 것으로 짐작된다. 이렇게 보면 서울은 2000년의 유구한 역사를 지닌 도시인 것이다. 모든 역사도시들은 저마다의 독특한 매력과 정취를 가지고 있다. 새로 막 지어진 도시에서는 결코 느낄 수 없는, 오랜 시간 쌓이고 익어온 그윽한 매력이 서울 곳곳에 남아 있으니 이것이 바로 서울의 두 번째 매력이다.

자연과 역사, 이 두 가지 서울의 매력에 대해서는 다들 익히 알고 있는데 서울이 가진 세 번째 매력에 대해서는 잘 알지 못한다. 서울의 세 번째 매력은 서울을 설계한 독특하고 우아한 마음이다. 자연과 역사는 서울이 받은 혜택이라고 할 수 있다. 이것 못지않게 중요하면서 서울의 정체성을 잘 보여주는 것이 바로 서울을 만든 마음인 서울의 도시계획 철학이다. 위성사진들을 펼쳐놓고 서울과 다른 도시들을 비교해 보면 이를 쉽게 이해할 수 있다.

북경과 서울

북경과 서울은 어떻게 닮았고 또 다른가. 북경이 중국의 수도가 된 것은 금나라 시절 중도라 불리던 때부터지만 당시 중도성의 위치는 북경성과 달랐다. 이후 명청 시기를 거치면서 현재 북경성의 모습을 갖추었다. 북경성은 이중, 삼중의 도성 구조를 보인다. 맨 가운데에 위치한 성이 우리가 잘 아는 자금성이다. 자금성을 다시 황성이 둘러싸고 다시 황성을 내성이 둘러싼다. 내성 아래에는 외성이 있고, 내성과 외성을 합쳐 북경 구성舊城이라 부른다. 무엇보다 북경성의 한가운데를 남북으로 관통하는 중축선을 주목할 만하다. 2008년 북경 올림픽 때 거대한 거인의 발자국이 저 남쪽에서부터 중심축을 따라 올림픽 경기장까지 다가오는 모습을 불꽃놀이로 보여줄 만큼 중심축은 북경 도시 구

북경성은 가운데 자금성을 중심으로 황성, 내성(위), 외성(아래)으로 첩첩이 쌓여 있다. 내성과 외성을 모두 아울러 북경 구성이라 부른다.

자연미가 살아 있는 도시가 참한 도시   19

조에서 매우 중요한 의미가 있다.

　서울은 같은 동북아시아 국가의 수도임에도 불구하고 그 모양이 북경과 사뭇 다르다. 우선 성곽의 모양부터 네모반듯하지 않다. 평지에 성을 쌓은 북경과 달리 서울은 내사산의 능선과 언덕을 따라 성곽을 쌓았기 때문이다. 구불구불 흘러가는 서울성곽과 각진 북경성곽의 모습은 아주 대조적이다. 성곽뿐만 아니라 대문을 만들고 길을 내는 모양에서도 북경과 서울은 매우 달랐다. 북경은 남북을 곧게 꿰뚫는 중심축과 네모난 형태를 강조하지만, 서울은 그렇지 않다. 흥인지문(동대문)과 돈의문(서대문)을 연결하는 메인 스트리트인 종로가 서대문 가까이에 가서는 약간 아래로 휘어진다. 경복궁의 정문인 광화문과 종로를 연결하는 세종로, 창덕궁의 정문인 돈화문과 종로를 잇는 돈화문로 같은 주작대로가 종로와 직각으로 만나지 않고 비스듬히 기울어져 있다. 종로와 숭례문(남대문)을 연결하는 남대문로 역시 남쪽으로 곧장 내려가지 않고 비스

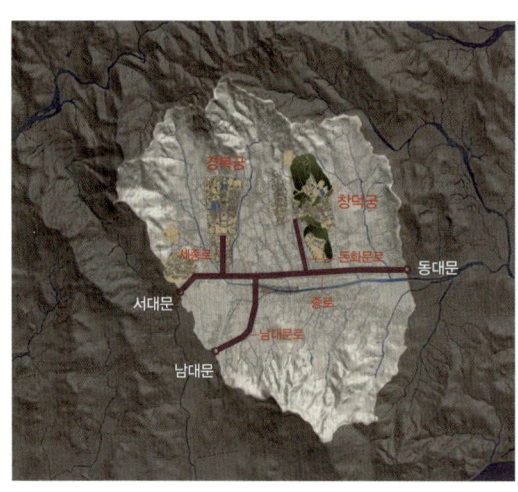

서울과 북경은 성곽의 형태는 물론 성문의 위치와 도로 구조도 많이 다르다. 서울은 자연의 질서를 존중해 도시를 만들었기에, 뼈대를 이루는 주요한 길이라도 자연 지형에 따라 굽거나 기울어진 모양을 하고 있다. ⓒ이상구

듬히 서쪽으로 휘어져 영어 알파벳 'J' 모양처럼 보인다.

종로와 두 궁궐을 연결하는 세종로와 돈화문로 그리고 종로와 남대문을 연결하는 남대문로는 서울의 뼈대를 이루는 길들로 서울의 도시 구조를 대표한다고 볼 수 있다. 그런데 이처럼 중요한 길들이 북경의 것과는 달리 휘고 기울어진 이유는 무엇일까? 도시를 계획하고 설계할 때 자연의 질서를 존중했기 때문이다. 자연 지형을 크게 변형하거나 훼손하지 않고 그대로 살리면서 도시를 디자인한 것이다. 남산이 가로막고 있으면 길을 돌렸고, 남대문도 정남쪽이 아닌 남서쪽에 세웠다. 임금이 살고 계시는 궁궐의 정문과 메인 스트리트인 종로를 연결하는, 이른바 주작대로를 건설한다면 당연히 남북 방향으로 반듯하게 길을 내야 할 텐데도 그렇게 하지 않았다. 오래전부터 물길을 따라 만들어져 비스듬히 기운 길을 그대로 살려 세종로와 돈화문로를 만든 것이다.

도시는 네모꼴로 구획되고, 길은 곧게 뚫려야 한다는 틀에 얽매이지 않는 자유분방하고 여유로운 디자인 철학이 바로 서울을 만든 독특한 생각이다. 도시의 바탕을 이루는 계획 철학부터 확연히 달랐기에, 서울은 기하학적 형태를 고집한 서양과 중국의 여러 도시와는 다른 모습을 보인다. 물론 어느 것이 더 아름답고 좋은지는 사람에 따라 다르게 생각할 수 있다. 그렇지만 자연 그대로의 지세를 살리면서 아름다운 도시를 만들었다는 데에서 서울의 가치는 더욱 돋보인다. 자연을 덜 훼손하면서 도시를 만들었다는 것은 요즘 전 세계가 강조하는 친환경 철학이나, 지속가능성, 저탄소의 문맥과도 맞닿아 있으니 말이다.

우리 조상들은 600년 전 까마득한 옛날부터 이미 자연을 존중하고 배려하는 마음으로 도시를 설계했다. 정말 멋지지 않은가. 또 다른 중국 도시를 보면서 서울의 아름다움을 다시 생각해보자.

시안과 서울

중국의 오래된 역사도시 중 하나인 시안과 서울을 비교해보자. 당나라 때 장안으로 불렸던 시안은, 그 당시 벌써 백만 명의 인구가 살았던 도시였다. 당나라 장안성의 흔적은 거의 사라졌지만 지금도 시안에는 명나라 때 쌓았던 성곽이 거의 그대로 남아 있다. 위성사진을 보면 사각형의 성곽과 해자가 또렷이 보인다.

시안성곽은 총 길이가 약 14킬로미터, 높이는 12미터에 이르니 건물 4층 정도로 꽤 우뚝하다. 게다가 성곽의 윗부분은 매우 넓어 그 폭이 15미터나 된다. 그래서 시안성곽 위로 전동차와 인력거가 다니기도 하며, 자전거를 타고 성곽을 한 바퀴 돌 수도 있다. 성곽 위에서 매년 국제 마라톤 대회가 열릴 정도다. 시안을 방문했을 때 전동차를 타고 성곽 위를 한 바퀴 돌아본 적이 있었는데, 한 시간 가량 걸리는 성곽 일주가 지루해 혼났다. 반듯하게 이어진 길을 하염없이 가니 무료할 수밖에 없었다.

서울의 한양도성을 따라 걸어보면 전혀 다른 느낌을 받게 된다. 산의 능

명 대에 건설된 시안성곽은 네모반듯한 모습을 하고 있다. 동서 방향 길이가 약 4킬로미터, 남북 방향 길이가 약 3킬로미터로 전체 길이는 약 14킬로미터다.

① 네모반듯한 시안성곽을 걸어보면 별다른 변화 없이 지루한 경관이 이어진다. 끝 모퉁이를 돌면 깃발의 색깔과 상징 동물의 형상이 바뀐다.

② 한양도성은 중국의 성곽과 달리 구불구불 오르내리는 재미가 있어 걸을 때 지루할 틈이 없다.

선과 언덕을 따라 성을 쌓아 그 풍경이 아주 다채롭다. 한양도성을 일주하는 마라톤 시합을 열면 세계적인 주목을 받게 될지도 모른다. 시안성곽 일주보다야 백 배는 재미있을 테니까. 한양도성을 따라 빠르게 걷고, 자전거를 타고 한강 변을 달리며, 한강을 헤엄쳐 건너는 철인삼종 경기를 열면 어떨까 하는 생각을 종종 한다. 볼거리가 풍부하니 최고로 아름다운 경기가 되지 않을까.

한양도성은 상당 부분이 한동안 막혀 있었지만 지금은 거의 모든 구간이 개방됐다. 인왕산 구간도 올라갈 수 있고, 2007년 봄부터는 청와대 뒤 백악 구간도 열렸다. 물론 성곽이 남아 있지 않은 남대문과 동대문 주변은 그 흔적을 가늠해보며 걸어야 하겠지만 나머지 구간은 대부분 도성을 따라 걸을 수 있다. 한양도성이야말로 서울의 가장 소중한 보물이자, 서울의 아름다움과 독특함을 그대로 보여주는 서울의 상징이다.

파리, 카를스루에와 서울

자연을 존중하는 서울의 도시설계는 서양 도시들과도 많이 다르다. 우리가 잘 아는 도시들과 서울을 비교해보면 그 차이를 쉽게 알 수 있다. 세계에서 가장 아름다운 도시로 꼽히는 파리의 위성사진을 보면 부챗살처럼 펼쳐지는 방사형 도로가 눈에 확 들어온다. 그런데 파리의 도시 형태는 처음부터 이랬던 게 아니다. 나폴레옹 3세 당시, 오스만 남작이 황제의 명을 받아 파리 시가지를 전면 개조하여 지금과 같은 모양에 이르게 된 것이다. 그런데 어떤 이유로 도시를 이렇게 개조했는지 궁금해진다. 미로 같이 얽혀 있는 골목길 위로 왜 넓은 방사형 도로들을 죽죽 그리고 뚫었을까?

도시학자들은 그 이유를 '시위 진압'으로 설명한다. 영화 〈레미제라블〉을 보면 잘 알 수 있듯이 당시의 파리는 그야말로 격동의 시대를 보내고 있었다. 따라서 파리 시가지에서 시위가 발생하면 서둘러 진압해야 했는데, 이를 위해 좁은 길을 넓히고 멀리까지 시야를 확보할 수 있는 방사형 도로가 필요했던 것이다. 물론 조망이나 미학도 고려됐겠지만 시위 진압이라고 하는 현실적인 필요 때문에 파리를 개조했다는 것이 학자들의 의견이다. 방사형 도로가 만나는 지점은 교통뿐만 아니라 사람들의 시선도 모이는 곳이다. 황제의 동상과 국가의 주요 기념물을 세워 통치자의 권위를 드러내고자 했던 것도 파리 도시 개조의 또 다른 의도였다.

독일의 도시인 카를스루에의 모습은 더욱 특이하다. 동그란 원형과 방사형 도로가 어우러진 형태가 마치 초등학생들이 방학 때 만드는 생활 계획표와 비슷해 보인다. 부챗살처럼 펼쳐진 도로들이 한 점에서 만난다. 이곳에 서면 모든 길들이 한눈에 들어오겠지만, 바깥쪽 길을 걷는 사람들이 방향을 찾기란 쉽지 않다.

파리나 카를스루에 같은 특이한 도시 형태를 만들어낸 디자인 철학은 무엇일까? 그 도시들은 누구의 눈높이에서 또 누구를 위해 만들어진 도시인지 생각해보자. 도시학자들은 이런 도시들을 통치자를 위한 도시라고 설명한다. 도시를 계획하고 설계한 생각과 마음이 근본적으로 달랐기에 서울의 생김새는 다른 도시와 확연한 차이가 난다.

성균관대학교 이상해 교수는 「서울의 정체성 확립방안」에서 논어의 한 대목을 빌어 서울을 '문질빈빈文質彬彬'의 도시라고 표현한다. 문文은 외형이나 형식을 말하고, 질質은 그 바탕이나 내실을 뜻한다. 문은 약하고 질이 너무 강하면 거칠고質勝文則野, 반대로 질은 별로인데 문만 요란하면 번지르르하니文勝質則史, 문과 질이 함께 조화를 이루어야 모름지기 군자質彬彬然後君子라는 뜻에서 나온 말이다. 군자를 일컫는 이 말은 서울의 특별한 매력과 가치를 잘 표현한다. 타고난 천성과 바탕이 고운데다 수양과 학문으로 외모까지 아름다운 이

① 하늘에서 내려다본 파리의 모습. 미로 같은 골목길 위로 새로 뚫은 방사형 도로들이 한 점에서 만난다.
② 초등학생들이 방학 때 작성하는 생활 계획표처럼 둥글게 생긴 독일의 도시 카를스루에. 파리의 도로처럼 가운데 한 점에서 모든 도로들이 만나는 구조이다.

를 군자라 부르듯, 빼어난 바탕에 우아한 생각으로 계획된 도시 서울이야말로 군자 같은 도시, 문질빈빈의 도시가 아니겠는가?

    2004년부터 약 1년간 북경과 서울, 동경의 연구진들이 모여 이른바 '베세토(BeSeTo: Beijing, Seoul and Tokyo) 역사도시 보전 정책 비교연구'를 진행했다. 서울시정개발연구원과 북경성시규획설계연구원, 동경대학교 지속가능도시재생센터^{CSUR}에서 연구를 진행한 뒤 북경에서 국제 컨퍼런스를 개최했는데, 북경 연구의 책임자였던 북경연구원장의 이야기에 모든 사람들이 놀랐다.

    북경도 아름답고, 서울도 아름다운 도시다. 그런데 솔직히 표현하자면 북경보다 서울이 더 아름답다. 북경은 사람이 디자인한 도시이고, 서울은 사람의 손을 빌려 신이 디자인한 도시다. 사람의 디자인이 신의 디자인을 능가할 수는 없지 않은가.

시오노 나나미가 본 한강 그리고 20년

한강을 보고 두 번 놀란 시오노 나나미

1996년 『로마인 이야기』로 유명한 일본의 소설가 시오노 나나미가 처음 한국을 방문했다. 『로마인 이야기』뿐 아니라 『바다의 도시 이야기』, 『나의 친구 마키아벨리』 등 그녀의 저작이 한국 독자들로부터 큰 사랑을 받을 때였다. 그녀가 한강의 인상을 말했던 한 인터뷰가 떠오른다.

> 한강을 보고 두 번 놀랐습니다. 한강의 어마어마한 크기에 처음 놀랐고, 이렇게 크고 웅장한 강을 이용하고 있는 방식에 또 한 번 놀랐습니다.

서울과 한강을 직접 보기 전에 그녀는 사진이나 영화로 여러 번 한강을 보았을지 모른다. 그런데도 실제로 한강을 목격했을 때 가슴이 '쿵' 하고 울리듯 강한 인상을 받았다고 한다. 바다처럼 넓고 큰 한강의 규모 때문이다. 김포공항에 내려 차창으로 마주한 한강의 강렬한 인상은 강변도로를 타고 계속 달려오면서 다시 한 번 반전됐을 것이다. 강 양쪽에 고속도로와 다를 바 없는 자동차전용도로가 죽 이어지고, 그 너머로 보이는 풍경은 아파트, 아파트 또 여전히 아파트 아니었겠는가. 이렇게 크고 아름다운 강 양쪽을 고속도로로 둘러 격리하고, 그 너머로는 지루하게 이어지는 아파트 담을 쌓았으니 어찌 놀라지 않았을까. 한강을 보고 놀라는 이는 그녀만이 아닐 것이다.

강은 도시의 젖줄이다. 물이 있어야 살 수 있기에 고대부터 도시의 역사는 늘 강을 끼고 시작됐다. 서울도 예외는 아니어서, 백제가 처음 도읍을 정한 곳도 한강 변이었다. 조선왕조의 도읍으로 수많은 후보들을 물리치고 마침내 한양이 선택됐던 데에도 한강이 큰 영향을 미쳤을 것이다. 한양도성 밖을 넉넉히 흐르던 바깥물外水 한강이 지금은 서울 한복판을 가로질러 흐르는 안물內水이 되었다. 서울의 역사가 곧 한강의 역사인 것이다.

위성사진을 보면 한강은 서울을 가로지르며 영어 알파벳 'W' 형태로 흐른다. 서울의 동쪽 시계에서 서쪽 시계까지 한강의 길이가 약 40킬로미터에 이르니 말하자면 한강 100리 길이다. 평균 강폭은 1킬로미터에 이르니 대단히 넓고 큰 강이다. 한강에 비한다면 파리의 센 강, 런던의 템스 강, 도쿄의 스미다 강은 작은 개울처럼 느껴질 것이다. 베트남의 수도 하노이 홍 강 정도가 한강에 버금가는 규모를 가졌을까? 홍 강을 제외한다면 이렇게 큰 도시 하천을 보기는 쉽지 않다.

서울시 남북교류사업과 관련해 2009년 처음으로 평양을 방문했다. 말로

하늘에서 내려다본 서울과 한강. 알파벳 'W' 형태와 유사한 한강은 유려한 곡선을 만들며 흐른다.

만 듣던 대동강을 마주하며 한강과 비교해보았다. 당시 묵었던 양각도 호텔은 대동강의 하중도인 양각도에 위치하고 있어 아침 일찍 산책 삼아 강변을 걸었다. 대동강은 강폭이 약 500미터 정도여서 한강에 비하면 절반 정도의 규모다. 한강에 비해 웅장한 맛은 떨어지지만 강 건너 뱃사공을 부르면 들릴 만한 거리어서 아기자기함이 느껴졌다. 큰 강은 큰 강대로 작은 강은 작은 강대로 제각각 다른 맛이 있다.

한강에 웬 호수?

옛날의 한강은 지금과 달랐다. 강물이 찰랑찰랑 흐르다 마르면 너른 백사장이 드러나기도 했고, 강폭도 지금처럼 일률적이지 않아 넓어졌다 좁아졌다 하며 굽이쳐 흘렀다. 잠실은 물이 차면 가라앉다 물이 빠지면 섬이 되는 곳이었고, 오히려 지금의 석촌호수 쪽이 물이 깊이 흐르는 본류였다. 강변이 평지인 곳도 있었고, 절벽이나 언덕과 강이 만나 그림 같은 풍경을 자랑하는 곳도 많았다.

이러한 모습의 한강은 지금보다 훨씬 더 아름다웠을 것이다. 한강을 지나면서 상상해본다. 건물들을 하나씩 지워가며 옛날 한강의 풍경을 그려본다. 상상이 마음대로 되지 않을 땐 옛 화가들의 그림을 보기도 한다. 다행히 〈독서당계회도〉처럼 한강의 예전 풍경을 담은 그림들이 남아 있다.

계회契會란 고려시대부터 문인이나 동료가 서로 어울려 만든 친목 모임을 뜻하는 말로 오늘날 계 모임과 같은 것

한강 변 옥수동 일대 응봉 아래 위치한 독서당을 배경으로 그린 〈독서당계회도〉. 정철, 이이, 유성룡 등 아홉 명의 유명한 문인들이 참석한 계회의 모습을 그린 그림으로 작자는 알 수 없으나 선조 3년(1570)경에 제작된 것으로 보인다.
ⓒ서울대학교 박물관

이고, 계회도란 그런 모임의 장면을 그린 그림이다. 요즘이야 친구들끼리 어울려 경치 좋은 산이나 강에 가서 놀고 난 뒤 카메라나 휴대전화로 기념사진을 찍지만, 과거에는 그럴 수 없었으니 계회 때 화공을 데려가 그림으로 남긴 것이다.

위치에 따라 한강을 부르는 이름도 다양했다. 동호, 서호도 있었고 서강, 남강, 용강이라 불리던 곳도 있었다. 동호대교가 지나는 곳 일대가 예전엔 동

호東湖라 불렸다고 한다. 한강에 웬 호수 이름이 붙었는지 이해가 잘 가지 않는데, 한명회와 압구정 이야기를 듣고 나면 비로소 궁금증이 풀린다. 조선시대 최고의 세도가였던 한명회가 지금의 압구정동 자리에 정자를 세우고 이름을 압구정押鷗亭이라 지었다는 얘기는 이미 널리 알려졌다. 그런데 왜 그 자리에 정자를 지었을까? 아마도 한강의 가장 아름다운 풍경을 즐길 만한 곳을 고르고 골라 그 자리에 정자를 짓지 않았을까?

압구정을 지은 자리는 한강 물줄기가 굽이쳐 흐르는 지점의 볼록 튀어나온 곳이었을 게다. 한명회가 되어 상상해보자. 압구정에 앉아 강 건너를 바라보라. 무엇이 보이는가? 눈앞 오른쪽에는 한강과 중랑천이 만나 만들어낸 너른 백사장이 보이지 않는가. 그 왼쪽으로는 남산의 응봉 자락이 강과 만나 이루는 절벽과 언덕의 풍광이 펼쳐지지 않는가. 새가 어찌 그곳을 지나칠 수 있겠는가. 두 개의 강이 만나 너른 물을 이루고 고요한 호수처럼 잔잔히 흐르는 그곳, 한강에서 가장 아름다운 풍경을 볼 수 있는 바로 그곳을 옛사람들은 동쪽의 호수, 동호라 불렀다고 한다.

한강의 문제 경관

서울시정개발연구원에 들어가서 처음 맡았던 프로젝트가 '한강연접지역 경관관리방안 연구'였다. 당시 한강 변의 경관 현황을 조사하고, 문제를 분석한 뒤 경관을 관리하기 위한 방법을 찾는 것이 연구의 목표였다. 경관 문제는 아주 다양하고 복잡하다. 도시경관이 이루어지는 형성 과정도 복잡하고, 경관 문제를 바라보는 사람들의 시각도 서로 다르기 때문이다. 사람의 건강을 다룰 때 진단이 중요하듯 경관 문제를 이해하는 데도 진단이 중요하다. 우리 연구진은 한강 변 경관 문제의 진단을 위해서 전문가 열 분을 초대하여 워크숍을 열었다. 한강 변을 모두 열세 개의 권역으로 나눈 뒤 각 권역별 경관 진단서를 작성해 그 결과를 분석했다.

경관 진단에서 추출한 네 개의 경관 문제 유형은 아래와 같이 그림으로 표현할 수 있다. 문제를 일으키는 경관 유형은 총 네 가지다. 첫째는 '위압경관'으로 해당 건물의 규모나 형태가 주변과 조화를 이루지 못하고 튀는 경우를 말한다. 조금 심하게 표현한다면 '깡패경관'이라고도 부를 수 있겠다. 언젠가

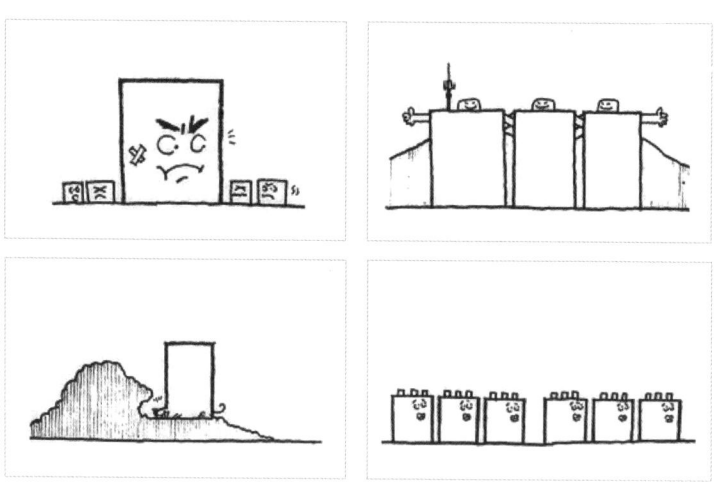

한강 변의 문제 경관을 유형화하면 크게 네 가지로 구분된다. 주변보다 덩치가 지나치게 큰 '위압경관', 앞뒤 시야를 가리고 서 있는 '차폐경관', 구릉지 지형과 녹지를 훼손하는 '잠식경관' 마지막으로 서로 비슷비슷한 '획일경관'이 있다. 한강 경관 연구 당시 직접 만화로 표현해본 그림이다.

① 대표적인 위압경관의 예. 1994년 당시 자양동에 건설 중이던 현대아파트는 주변의 작은 건물들과는 달리 23층 높이에 폭이 100미터가 넘는 큰 덩치로 주변을 압도하고 있다. ⓒ서울연구원

② 대표적인 차폐경관의 예. 이촌동 대림아파트가 한강 변에 병풍처럼 늘어서 있다. 22층 높이에 가장 긴 건물은 폭이 100미터가 넘어 남산을 향한 시야를 가린다. ⓒ서울연구원

③ 대표적인 잠식경관의 예. 응봉 아래 옥수동 일대에 아파트 단지가 들어서면서 구릉지의 지형이 크게 바뀌고, 녹지의 면적도 크게 줄었다. ⓒ서울연구원

④ 대표적인 획일경관의 예. 이촌동 신동아아파트 단지로 같은 높이와 폭, 형태의 건물들이 늘어서 있어 단조롭고 개성 없는 경관을 연출한다. ⓒ서울연구원

일본 학자들과 함께 경관 문제를 논의하는 자리에서 위압경관을 쉽게 이해할 수 있도록 '야쿠자경관'이라 표현했더니 다들 껄껄 웃으며 공감한 기억이 있다. 둘째는 '차폐경관'으로 건물이 너무 크거나 폭이 넓어 주변과 부조화를 이룰 뿐만 아니라 주변 조망을 가리는 경우다. '담벼락경관'이라 부르기도 하는데, 사람의 경우에도 말귀를 잘 알아듣지 못하는 사람을 벽창호 같은 사람 또는 담벼락 같은 사람이라 부르듯, 조망을 혼자서 독차지하고 남의 시야를 가로막는 차폐경관도 담벼락과 다를 바 없다. 셋째는 '잠식경관'으로 구릉지나 언덕에 큰 덩치의 건물이 들어서 자연 지형을 훼손하고 녹지를 잠식하는 경우다. 잠식경관은 '두더지경관'이라 불리기도 한다. 넷째는 '획일경관'으로 비슷한 형태나 규모의 건물이 대규모로 집적해 있을 때 단조롭고 개성 없는 경관을 연출하는 경우다.

연구의 결론으로 서울시에 건의한 내용은 해당 권역을 경관관리구역으로 지정하여 구역별 세부 지침을 마련해 한강 변 경관 훼손을 최소화하는 것이었다. 특별관리구역은 허용 높이를 정해 건물 높이를 규제하고, 일반관리구역은 입면적과 차폐도를 규제하는 것이 내용의 핵심이었다.

입면적과 차폐도

한강연접지역 경관관리방안 연구에서 처음 개발하여 지금도 폭넓게 적용하는 경관 관리 방법 중 하나가 '입면적'과 '차폐도'다. 소위 위압경관이나 차폐경관은 모두 지나치게 높고 뚱뚱한 건물들이 문제를 일으키는 경우다. 저층 건물이라면 건물 폭이 다소 넓어도 상관없겠지만, 고층이면서 폭까지 넓은 건물은 위압적으로 보일 뿐 아니라 배경을 가리기 쉽다. 이러한 '고층광폭형' 건물을 방지하기 위해서는 건물의 입면적을 제한할 필요가 있다. 입면적이란 건물의 높이와 폭을 곱한 값으로, 입면적의 상한선을 규제함으로써 고층광폭형 건물을 저지할 수 있다.

당시 입면적 제한치를 두고 많은 고민을 했다. 결국 한강 변에 위치한 전체 150동 건물들의 입면적을 조사하고 상위 30퍼센트 수준으로 정한 결과, 입면적의 제한치는 3,000제곱미터로 결정했다. 당시 한강 변 건물 가운데 입면적이 제일 큰 건물은 여의도 63빌딩으로 건물 높이 250미터, 건물 폭 54미터로 입면적은 1만 3,500제곱미터였다. 자양동 현대아파트와 이촌동 대림아파트의 경우도 높이가 70미터 내외, 건물 폭이 100미터 이상이어서 입면적이 7,000제곱미터를 넘었다.

입면적 규제에 더해서 차폐도를 따로 규제하는 이유는 입면적 제한치를 넘지 않는 건물들이 최소한의 간격을 두고 늘어서서 결과적으로 위압경관 또는 차폐경관이 되는 것을 막기 위해서였다. 즉 여러 건물들이 형성하는 아파트 단지 경관에 개방감을 확보하기 위한 조치였다. 차폐도란 여러 건물들의 입면적을 모두 더한 값을 단지의 전면 폭 길이로 나눈 값을 말한다. 쉽게 표현하자면 건물을 틈새 없이 붙여서 지었을 때 단지 내 건물의 평균 높이를 의미한다. 차폐도의 상한선을 제한하면 고층 건물일수록 건물 사이에 틈이 벌어진다. 차폐도의 규제치를 정할 때도 한강 변에 자리한 전체 55개 아파트 단지의 차폐도를 분석했고, 역시 상위 30퍼센트 수준에 해당하는 30미터를 규제치로 결정했다.

이와 같이 입면적과 차폐도를 제한하면 위압경관이나 차폐경관의 원인이

① 이촌동 대림아파트의 현재 모습. ⓒ서울연구원

② 이촌동 대림아파트가 현재와 같은 22층 높이를 유지하되 입면적과 차폐도 규제를 적용 받아 건설될 경우를 예측해본 그림. 건물 사이의 틈으로 남산을 볼 수 있다. ⓒ서울연구원

③ 이촌동 대림아파트가 입면적과 차폐도 규제를 적용 받아 중층 규모(15층)로 건설될 경우를 예측해본 그림. 건물 높이가 낮아지고, 틈이 벌어져 현재보다 남산을 더 많이 볼 수 있다. ⓒ서울연구원

④ 자양동 현대아파트의 현재 모습. ⓒ서울연구원

⑤ 자양동 현대아파트가 현재와 같은 23층 높이를 유지하되 입면적과 차폐도 규제를 적용 받아 건설될 경우를 예측해본 그림. 건물 사이의 틈이 많아져 배후의 아차산을 볼 수 있다. ⓒ서울연구원

⑥ 자양동 현대아파트가 입면적과 차폐도 규제를 적용 받아 중층 규모(15층)로 건설될 경우를 예측해본 그림. 주변 건물들과 비슷한 규모로 위압적인 느낌이 크게 줄었다. ⓒ서울연구원

되는 키 크고 뚱뚱한 건물을 사전에 예방할 수 있다. 이미 지어진 문제 경관의 대표 사례에 두 개의 지표를 적용해서 시뮬레이션을 해보면 그 효과를 쉽게 알 수 있다.

한강 연구에서 제안한 여러 처방들이 서울시에서 실제로 적용되기까지 약 1년의 공백이 있었다. 1994년 말 연구가 끝나고 서울시에 연구 결과를 보냈지만, 정책에 반영돼 실현된 것은 1996년이었다. 당시 서울시 주택국장이 서둘러 서울시의 공동주택 심의기준을 만들며 한강 연구에서 제안한 입면적과 차폐도를 지표적 심의기준으로 처음 도입하면서부터였다. 그 후 입면적과 차폐도는 서울과 여러 도시들에서 경관 관리 수단의 하나로 사용돼 연구자로서 큰 자부심을 느낀다. 그러나 한강 변을 경관관리구역 또는 경관지구로 지정하자는 정책 건의는 여전히 이루어지지 않고 있다.

지난 20년 한강 경관의 변화

첫 프로젝트를 마친 지 거의 20년이 지난 오늘 다시 한강을 본다. 차를 타고 올림픽대로나 강변도로를 다닐 때도 보고, 지하철에서 한강 다리를 건널 때도 본다. 높은 산에 올랐을 때에도, 한강시민공원에 가서도 이쪽저쪽을 둘러본다. 유람선을 타면 강 양쪽을 부지런히 사진으로 찍고 변화를 살핀다. 사실 한강의 경관은 나아지지 않았다. 아니 오히려 더욱 나빠지고 있다. 잠실, 반포, 이촌동, 옥수동을 보면 잘 알 수 있다. 요즘 불쑥불쑥 솟아오르는 뚝섬 일대도 마찬가지다.

문제는 여기에서 그치지 않을 것이라는 점이다. 압구정동에서, 반포에서,

① 1994년 이촌동. 고층 아파트들이 일부 있으나 저층 아파트 단지들이 많아 남산을 대부분 볼 수 있었다. ⓒ서울연구원

② 2003년 이촌동. 엘지자이 단지가 입면적과 차폐도 규제를 받아 건물 사이사이를 띄우고 세워져 있다. ⓒ장남종

③ 2008년 이촌동. 한강 변의 엘지자이 단지가 열어놓은 틈이 용산 초고층 주상복합 아파트들로 거의 다 메워져 있다. ⓒ장남종

여의도에서 더욱더 키 크고 뚱뚱한 녀석들이 사납게 한강을 포위해갈 것이다. 한강의 경관 관리는 여전히 무력하기만 하다. 서울의 보물, 서울과 함께 해온 역사인 한강을 지키는 일이 시급하다.

남산 제 모습 찾기와 단국대 사건

서울 정도 600년과 외인아파트 폭파

우리는 1960년대부터 1990년대 초까지 개발 시대를 살아왔다. 서울은 세계 어느 도시도 경험하지 못한 빠른 속도로 질주하듯 성장했다. 이 시기에는 새로운 개발과 재개발이 성장의 동력이었다. 도시계획과 도시설계의 주요 과제들도 여기에 치우쳐 최근 시정의 주요 과제들로 부상한 환경과 도시경관, 복지, 주민참여, 문화, 마을공동체 등은 그다지 중요하게 다루지 않았다.

서울이 개발 시대의 정점에 다다른 때는 1990년대 초였다. 노태우 정권이던 당시는 여러 면에서 극한을 보여줬다. 교통사고 사상자 수가 정점에 이르렀던 때도 바로 이 시기였다. 1991년 한 해 동안 교통사고로 죽은 사망자 숫자가 역대 최고치인 1만 3429명에 달했다. 집값이 폭등하여 '중산층 대란'이란 말까지 나올 지경이었고 분당, 일산, 평촌, 산본, 중동의 다섯 곳의 신도시

개발이 단기간에 이뤄지기도 했다.

이 시기를 전후해서 주택 공급을 장려하기 위한 모든 조치들이 시행됐다. 300퍼센트가 상한이던 일반주거지역 용적률이 1991년에 400퍼센트로 완화됐고, 용적률이 400퍼센트에 육박하는 아파트들이 여러 곳에 지어졌다. 재개발과 재건축을 활성화하기 위해 민간 개발업자들의 참여를 끌어들이는 합동재개발 방식이 도입됐고, 다가구주택과 다세대주택을 양성화했다.

1990년대 초는 변혁의 바람이 서서히 불어오던 때이기도 했다. 지방자치제도의 부활에 따라 1995년에 첫 번째 민선 단체장 선거가 실시된 것도 변화의 계기였다. 1994년에 서울 정도 600년을 맞았던 것도 변혁을 여는 진원지 역할을 했다. '정도定都 600년'이란 무엇이었는가. 서울이 아니 한양이 조선왕조의 수도가 된 지 600년을 맞는 때란 뜻 아닌가. 정도 600년은 서울의 원형과 본래의 아름다움을 되짚어보고 현재의 서울을 직시하면서, 앞으로의 서울을 생각하는 계기를 자연스럽게 만들어줬다.

정도 600년 사업은 서울의 한가운데 남산에서 그 시작을 알렸다. 1994년 11월 20일 오후 3시, 남산 아래 병풍처럼 서 있던 외인아파트가 폭파되어 사라졌다. 뒤이어 중앙정보부 시절부터 남산 중턱에 자리한 국가안전기획부가 내곡동으로 이전했고, 지금의 남산골 한옥마

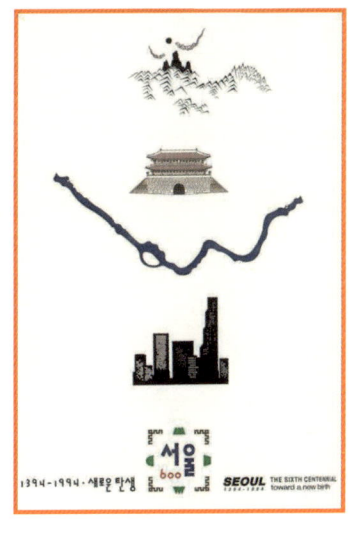

서울 정도 600년 기념 포스터. ⓒ서울연구원

남산 외인아파트가 폭파되는 장면. 남산 중턱에 병풍처럼 서 있던 외인아파트는 남산과 한강 사이의 조망을 가로막는 문제 경관의 상징이었다. 외인아파트 폭파는 서울시의 남산 제 모습 찾기 사업의 시작을 알리는 신호탄이었다. ⓒ한국일보

을에 있었던 수도방위사령부 또한 남태령으로 옮겨졌다. 정도 600년을 계기로 시작된 '남산 제 모습 찾기' 사업은 서울의 상징인 남산과 주변 지역을 원래의 아름다운 모습으로 되돌리고 꼼꼼하게 가꾸겠다는 강한 의지의 표현이었다. 서울시 주택국에 도시경관과가 신설된 것도 바로 이 무렵이었다. 서울시의 정책연구기관인 서울시정개발연구원이 출범한 시기 또한 1992년 10월, 바로 이 즈음이었다. 개발 중심의 서울 시정을 반성하고 도시경관을 세심하게 관리하겠다는 시정의 변혁과 정책의 대전환이 시작된 때였다.

남산 고도 규제와 단국대 이전

남산 제 모습 찾기 사업은 차근차근 진행됐다. 먼저 남산에 자리 잡고 있던 건물들이 철거되거나 이전했고, 여기에 남산과 주변 지역의 건물 높이를 제한하는 고도 규제가 이어졌다. 1990년대 초부터 서울시는 남산 주변 지역의 건물 높이를 제한하기 위한 검토를 시작했고, 1994년 당시 서울시정개발연구원에서는 구체적인 고도 규제 방안을 연구하고 있었다. 그때 남산의 경관을 분석하고 경관 변화를 예상하며, 고도 규제에 따른 효과를 예측해보는 경관 시뮬레이션 작업에 연구진으로 참여했다.

남산과 주변 지역에 대한 높이 규제 방안은 서울시의회 의견 청취와 도시계획위원회의 의결을 거쳐 1995년 4월 6일 남산 주변 지역 약 74만 평을 '고도지구'로 지정하는 것으로 마무리됐다. 남산 고도지구 안에서는 건물 높이를 5층에서 12층까지로 규제했고, 위치에 따라서는 3층 이하의 높이 제한을 적용 받는 곳도 있었다.

남산 고도지구 지정으로 인해 예상하지 못했던 날벼락을 맞은 곳이 있었는데, 남산 아래 한남동에 자리한 단국대학교였다. 단국대는 용인으로 캠퍼스 이전을 추진 중이었고, 학교 부지를 매각한 뒤 아파트를 지을 계획을 세워 두고 있었다. 당초 학교 부지의 41퍼센트에 이르는 풍치지구(도시의 자연 풍치를 유지하기 위해 건축 행위에 규제를 가하는 지역. 현 자연경관지구)를 해제하고 4천여 가구를 수용할 수 있는 6층에서 30층 높이의 아파트를 건설할 계획이었으나, 풍치지구가 아닌 곳까지 고도지구로 지정되어 높이 규제를 받으니 난감한 상황이었다.

한남동 부지를 사들인 건설 회사와 단국대는 풍치지구를 해제하고 고도지구 지정을 막기 위해 열성을 다했다. 1995년 1월에는 고도지구 지정이 부당하다며 서울시를 상대로 소송을 제기했다. 급기야 최병렬 시장은 서울시 간부회의 자리에서 단국대 부지의 풍치지구 해제를 지시했고, 이 같은 황당한 사건은 신문에 실리기도 했다. 1995년 3월 21일자 《경향신문》에 실린 기사는 당시 상황을 적나라하게 전해준다. 법에 의해 건물을 3층까지밖에 지을 수 없는 풍치지구를 해제하라는 최병렬 시장의 지시는 명백한 특혜라 비판했다. 단국대 김학준 이사장과 최병렬 시장이 같은 언론사 출신에 6공 실세이며, 건설 회사 사장과 최병렬 시장은 동향 출신으로 고등학교와 대학교 동창이라는 점을 들어 공정하지 못한 지시임을 지적했다.

시장의 공개적인 풍치지구 해제 지시에도 불구하고 서울시 도시계획국의 담당 공무원들은 시장의 지시를 따르지 않았다. 뜻밖이었다. 자리를 거는 위험을 감수하면서까지 도시계획을 지키려는 의지가 단호했다. 서울시정개발연구원에서 일하면서 수많은 서울시 공무원들을 지켜보았지만, 그때 그 사람들처럼 당당하고 멋진 공무원들은 보지 못했다. 존경스러웠다.

단국대와 서울시의 소송은 2년을 끈 뒤 1997년 7월 11일 서울고등법원 판결로 일단락됐다. 서울고법 특별4부(재판장 이범주 부장판사)는 고도제한 지정을 풀어달라며 단국대와 건설 회사가 서울시를 상대로 낸 도시계획 용도지구 변경결정처분 무효확인 청구소송에서 단국대와 건설 회사의 청구를 받아들이지 않았다. "절차상의 하자가 없고, 남산 지역의 경관 보호를 위해 각계의 의견을 수렴하여 충분한 기초 조사를 거친 만큼 서울시의 고도제한 조치는 정당하다"는 것이 판결의 요지였다.

2000년 2월 17일 대법원 판결 역시 서울시의 승소였다. 대법원 특별1부

(주심 서성 대법관)는 원고 패소한 원심을 확정하면서 "도시계획위원회의 정상적인 의결을 거쳐 규정에 따라 고도제한지구로 결정한 만큼 절차상 하자가 없고, 남산 및 응봉산의 경관을 유지해 시민이 쾌적한 환경에서 살 수 있도록 고도를 제한할 필요성은 이로 인해 침해받는 개인 이익보다 적다고 할 수 없어 재량권 남용으로 볼 수도 없다"고 판결 이유를 밝혔다.

단국대 측의 변호사는 공교롭게도 내 친구였다. 사건을 맡은 친구 변호사가 소송 준비를 위해 자초지종을 물어오기에 그랬다. 100퍼센트 서울시가 이길 거라고. 도시계획의 역사가 늘 이 같은 소송의 역사였고, 법원은 공익을 지키기 위한 도시계획의 노력을 언제나 인정해주었노라고 말이다. 5년에 걸친 소송은 친구에게 얘기해준 대로 마무리됐고, 한남동 단국대 부지는 우여곡절을 거쳐 중저층 규모의 고급 주거 단지로 개발됐다.

도시계획의 본연은 공익지킴이

도시계획이 하는 일을 한 마디로 줄여 '조닝^{zoning}'이라 표현한다. 도시를 여러 개의 구역이나 지역 또는 지구라 불리는 존^{zone}으로 구분한 뒤, 각 존마다 허용되는 용도와 밀도를 정해주고, 건물의 높이를 제한하기 때문이다. 오늘날 도시계획에서 아주 당연한 것으로 받아들이는 조닝은 오랜 세월 치열한 갈등과 투쟁을 거쳐 오늘에 이르게 되었다. 자본주의 사회에서 개인의 재산권과 사생활은 마땅히 존중되어야 하나 개인의 재산권 행사가 지나쳐 다수 시민의 건강과 안전, 복리를 침해할 수 있다면 어떻게 해야 할까? 조닝은 바로 이 지점에서 시작됐다.

1926년 미국 대법원은 클리블랜드시의 유클리드 마을과 앰블러 부동산 회사 간의 소송에 대한 판결에서 유클리드 마을에 대한 조닝의 합법성을 인정하였다. 당시 토지 소유자는 공장용으로 토지를 사용할 경우 토지의 가치가 에이커당 1만 달러에 이르는데, 조닝에 의해 주거지역으로 지정된 결과 토지의 가치가 에이커당 2,500달러로 줄었다며 소송을 제기했다. 결과는 토지 소유자의 패소였다. 개인의 재산권은 마땅히 존중되어야 하지만 더 많은 시민들의 공익을 보호하는 데 필요하다면 개인의 재산권은 규제받을 수 있음을 명확히 공시한 판결이었다. 유클리드 판례를 계기로 조닝 규제는 공적소(所) 규제로서의 정당성을 확보하게 됐고, 이후 이 같은 조닝을 일컬어 '유클리드 조닝'이라 부른다.

조닝은 경찰권과도 같다. 공공의 안전과 복리를 도모하기 위해 개인의 권리를 제한할 수 있는 공권력을 경찰권이라 부르지 않는가. 조닝도 마찬가지다. 시방정부에 주어진 경찰권과도 같은 권리가 바로 조닝이고 도시계획이다. 그래서 도시계획의 본연은 '공익지킴이'라 할 수 있다. 도시계획이 무너지면 도시도 함께 무너진다. 후대에 길이 물려주어야 할 자연과 역사와 문화도 일거에 무너진다. 그리고 그 위에 탐욕으로 세운 콘크리트 덩어리들이 불쑥불쑥 성채처럼 솟아오른다.

도시계획은 도시행정의 마지막 보루다. 자본주의 도시에서 시장경제는 끊임없이 개발이익을 추구하기 마련이다. 용적률을 100퍼센트 완화하면 그만큼 더 많은 공간을 개발할 수 있고, 한 평에 몇천만 원씩 하는 분양 시세로 환산하면 사업성과 개발이익에 엄청난 영향을 주게 된다. 높이 규제 역시 마찬가지다. 높이 규제가 풀려 더 높이 개발하면 더 나은 조망을 확보할 수 있고, 조망 확보는 바로 돈으로 이어진다. 한강이 보이느냐, 남산이 보이느냐에 따라 분양가는 몇억씩이나 차이가 난다고 하지 않는가.

남산의 아름다움을 지키기 위해 시장의 지시에도 불구하고 도시계획 본연의 임무를 지켜낸 서울시 공무원들이 바로 공익지킴이들이었다. 그러나 요즘은 공익을 위해 헌신하는 도시계획을 보기가 쉽지 않다. 공공의 배려와 도움이 더욱 절실한 사회적 약자들을 따뜻하게 돌보고 지켜내는 도시계획이 드물다. 오래된 동네와 도시를 지키고 살리는 긴 안목의 도시계획 또한 만나기 참 어렵다. 시장市場을 통제하고 제어해야 할 도시계획이 시장 논리를 뒷받침해주고, 시장에 잡아먹히는 것만 같아 참 안타깝다.

도시계획이 방향을 잃고 제 몫을 다하지 않을 때, 도시계획에 경찰권을 부여했던 시민은 가만 있지 않는다. 도시계획의 이름으로 자행되는 공동체 파괴와 환경 훼손에 맞서고, 문화유산과 오래된 것들의 철거에 저항했던 주민들이 있음을 우리는 기억해야 한다.

언덕 위의 먹튀 경관

언덕의 도시, 서울

서울은 산이 많은 도시다. 한양도성은 서울의 한가운데 동서남북에 자리한 내사산을 이어 쌓은 것이고, 서울 바깥은 외사산이 경계를 이룬다. 어디 그뿐인가. 도봉과 수락, 불암산이 있고, 남으로 내려오면 대모, 구룡, 우면산과 청계산이 있다. 이렇게 서울에는 산이 지천이다.

또한 서울은 강이 많은 도시다. 서울을 가로질러 흐르는 한강이야 말할 것도 없고, 도심에서 흘러나와 중랑천과 만나 한강에 이르는 청계천도 있지 않은가. 탄천과 양재천도 서울의 남동쪽을 적시며 흘러 한강에 이르고, 홍제천과 안양천은 서울의 서북과 남서쪽에서 흘러와 한강과 만난다. 이 밖에도 정릉천과 성북천 등 수없이 많은 작은 하천들이 서울을 두루두루 적셔준다.

그렇다면 산과 강을 뺀 서울은 평지인가? 강남처럼 새로 개발된 시가지는 평평한가? 서울은 산도 많고 강도 많지만, 언덕 또한 넉넉한 도시다. 올록볼록 솟은 언덕들이 서울의 지형을 더욱 다채롭게 한다. 시가지 가운데에도 가파른 경사지가 아주 많은 곳이 서울이다. 강남역에 내려 국기원 쪽으로 걸어 올라가본 사람은 안다. 강남이 얼마나 가파른 경사지인지를. 강남역만 그런 게 아니다. 논현동과 역삼동을 남북으로 가로지르는 논현로나 언주로도 마찬가지다. 그래 맞다. 서울은 자연이 풍요로운 도시, 평평하지 않고 굽이쳐 흐르는 듯 변화무쌍한 지형을 가진 도시다. 한마디로 아주 잘난 도시다.

이렇게 서울은 아름다움을 풍요롭게 물려받고 태어난 도시다. 그렇다면 우리가 어찌 관리해야 할까? 서울의 도시설계, 그 첫 번째 과제는 서울의 아름다움을 잘 지키는 것이다. 아름다운 도시를 만드는 일이 아니고, 타고난 아름다움을 훼손하지 않는 일이다. 하지 말아야 할 일을 안 하는 것이 도시설계일 때도 있다. 비움의 미학도 있지 않은가. 'Less is more'라는 말처럼 덜 디자인한 게 더 잘한 디자인일 수 있다.

산과 그 주변에서 또 한강과 지천의 주변에서 그리고 수많은 언덕과 구릉지에 건물과 시설물을 지을 때, 자연경관을 해치지 않도록 세심하게 관리하는 일이 결국 서울 경관 관리의 핵심이자 도시설계의 요체이기도 하다. 북한산과 남산 주변 지역을 고도지구로 지정하는 것도 같은 맥락이다. 그러나 두 산을 제외하면 고도지구나 경관지구로 지정된 산이 극히 드물다. 2000년 7월 처음으로 제정된 서울시 도시계획조례에는 한강과 주요 산의 경관 관리를 위한 법적 장치로 수변경관지구와 조망경관지구 지정과 관리에 관한 사항이 포함되어 있었다. 그러나 한강 변에 수변경관지구를 지정하는 일도, 서울의 주요 산 주변에 조망경관지구를 지정하는 일도 결코 일어나지 않았다.

보광동 언덕의 경관 변화

언덕과 구릉지의 경관 관리는 더욱 취약하다. 구릉지의 지형과 녹지, 경관을 보호하기 위한 장치가 치밀하지 못하기 때문이다. 일부 구릉지와 주변 지역이 고도지구나 자연경관지구로 지정돼 있을 뿐, 대부분의 언덕은 개발의 위협으로부터 거의 방치되어 있는 실정이다. 언덕 중에서도 특히 한강과 만나는 언덕의 경관 관리가 허술해 여러 곳이 자꾸만 망가져 간다. 응봉과 한강이 만나는 옥수동 일대가 그러하고 청담동과 흑석동, 망원동도 동일한 문제를 겪고 있다. 그중 가장 심각한 곳이 보광동이다.

한남대교 북단의 서쪽으로 남산 자락이 흘러내려와 한강과 만나는 지점에 언덕이 솟아 있다. 언덕 꼭대기에는 교회가 서 있고 그 아래에는 이슬람 사원이 보인다. 봉긋 솟은 언덕을 따라 나지막한 건물들이 촘촘히 들어섰다. 대부분의 건물들은 덩치도 크지 않고 키도 작아 뒤에 있는 건물의 시야를 가리지 않는다. 그늘도 드리우지 않는다. 다 함께 앞에 보이는 한강 조망을 누리고, 뒤로는 남산을 바라볼 수 있었다. 1990년대 보광동 언덕의 풍경이었다.

2002년 보광동 언덕 아래 현대하이페리온이 들어서면서 풍경은 완전히 바뀌었다. 구릉지나 언덕에 작은 건물을 지을 때는 지형을 크게 바꾸지 않아도 되지만, 덩치 큰 건물은 지형을 크게 바꾸어야 지을 수 있다. 한쪽은 땅을 잘라내야 하고, 반대편은 땅을 쌓아 평지를 만들어야 한다. 높은 쪽에도 낮은 쪽에도 거대한 옹벽이 세워지고, 그 사이에 덩치 큰 아파트가 자리하게 된다. 지형만 바뀐 게 아니다. 언덕 아래 한강 변에 키 크고 덩치 큰 아파트가 들어서니, 뒤편의 작은 집에 거주하는 사람들은 한강을 보는 것은 고사하고 거의 온종일 그늘 속에 갇혀 살아야 한다. 키 큰 아파트에서 집이 다 내려다보이니 사생

① 1994년 보광동 언덕. 한남대교 북단 너머로 보광동 언덕이 보이고, 언덕 위 자연 지형을 따라 올망졸망 올라서 있는 작은 건물들이 자연스러운 구릉지 경관을 연출하고 있다. ⓒ서울시

② 2008년 보광동 언덕. 한강 쪽에 대규모 아파트 단지가 들어서면서 구릉지 경관이 크게 바뀌었다. 강변의 덩치 큰 아파트가 뒤쪽의 작은 집들에 그늘을 드리우고 시야를 가로막고 있다. ⓒ장남종

활 침해도 감수해야 한다. 이게 웬일인가, 내 실속 다 챙기고 내뺀다는 이른바 먹튀 아닌가? 보광동 언덕의 '먹튀' 경관은 서울의 언덕과 구릉지 경관 관리의 필요성을 온몸으로 보여주고 있다. 우리 앞에 놓인 슬픈 언덕이다.

구릉지 경관의 관리

연구원에 와서 두 번째로 맡은 연구가 바로 구릉지 경관 관리였다. '구릉지 재개발 아파트의 대안적 형태 개발' 연구를 1995년 한 해 동안 수행하면서 서울의 구릉지 경관이 망가지는 모습을 가슴 아프게 보고 또 보았다.

서울의 지형을 분석해보면 행정구역 면적의 약 삼분의 일이 구릉지에 해당한다. 이처럼 여러 곳에 올망졸망 솟아 있는 구릉지는 서울의 아름다운 자연 지형을 이루는 중요한 요소다. 그러나 1980년대 이후 주택재개발사업이 활발히 추진되면서 서울의 구릉지 곳곳에 재개발 아파트가 들어섰고, 구릉지 경관은 크게 훼손되기 시작했다. 남산의 줄기인 응봉 일대에는 이미 오래전부터 재개발 아파트들이 세워져 구릉지 경관을 망가뜨렸고, 작은 집들이 밀집돼 있는 관악산 주변의 봉천동, 신림동 일대는 물론 도심에 가까운 인왕산과 안산 주변의 구릉지도 마찬가지 상황이었다.

우선 주택재개발사업이 언제부터, 어느 곳에서, 어떻게 추진돼왔는지 살폈고, 재개발사업으로 인한 구릉지 경관의 훼손 실태를 조사했다. 재개발사업의 결과로 왜 고층 아파트가 세워지는지 그 원인과 문제점도 분석했다. 구릉지 주택 사례 연구도 포함했는데 구릉지 주택 설계의 경험이 많은 건축 전문가들과 함께 구릉시와 잘 어울리는 국내외 사례를 조사하고, 고층 아파트 일변도가 아닌 다양한 대안적 주거 형태를 찾아봤다.

연구의 결론은 어쩌면 예고된 이야기였는지 모른다. 구릉지에 가장 잘 어울리는 주거 형태는 당연히 단독주택과 다세대주택, 다가구주택 같은 덩치가 작은 주택이다. 고층 아파트를 짓기 위한 절토切土와 성토盛土 같은 지형 훼손 없이도 작은 건물들은 구릉지에 얼마든지 지을 수 있기 때문이다. 문제는 밀도였다. 재개발사업의 수익 구조를 맞추기 위해서는 사업성을 충족할 만큼의 용적을 채워야 하고, 결국 고층 아파트를 지을 수밖에 없는 구조적 문제가 있었다.

2000년 이후 서울시는 일반주거지역 종세분화를 시행하여 구릉지와 저층 주거지를 1종이나 2종 일반주거지역으로 지정하고 건물의 높이도 제한했지만, 연구가 진행된 1995년 당시에는 구릉지와 평지 할 것 없이 모두 다 같은 일반주거지역이었다. 구릉지 경관 관리를 위한 최소한의 장치조차 마련돼 있지 않던 상황이었다. 결국 고층, 고밀 개발을 허용하는 구조적 상황에서 디자인 개선을 통해 구릉지 경관 훼손을 막는 임시 조치를 취할 수밖에 없었다. 여기에 일반주거지역 종세분화 시행 이후 저층, 중밀 또는 저층, 고밀의 구릉지 순응형 주거 형태 적용 방안을 함께 제안하는 것으로 연구를 마무리했다. 연구가 끝나고 5년이 흐른 뒤에야 종세분화가 시행됐다.

한국의 산토리니

푸른 바다가 내려다보이는 언덕 위로 하얀 집들이 사이좋게 모여 있는 그리스 산토리니는 아름다운 언덕 경관의 대표 사례다. 그러나 이처럼 아름다운 산토리니는 비단 그리스에만 있지 않다. 우리나라에도 아주 많다.

부산의 태극도마을(감천문화마을)도 산토리니만큼 아름다운 언덕 경관을 가진 곳이다. 한국의 마추픽추로도 불리는 부산 태극도마을은 2012년에 일본 유엔 해비타트 UN-HABITAT 후쿠오카 본부에서 진행된 '2012년 아시아 도시경관상 대상'을 수상했다. 민관이 함께 노력해서 지역 발전을 이루고, 기존 도시 개발의 방식을 뒤엎는 모범도시라는 점을 인정받아 큰 상을 받는 영광을 누린 것이다. 태극도마을만 아름다운가? 내 눈에는 아름다운 언덕 마을이 훨씬 더 많이 보인다. 통영 앞바다가 펼쳐지는 동피랑마을도 언덕이 아름다운 마을이다. 성북구 장수마을을 비롯해 서울의 성곽을 따라 이어지는 오래된 성곽 마을들도 모두 수려하다. 신도시 박물관 같은 성남의 첫 번째 신도시, 태평동의 언덕과 그 위에 지어진 집들이 이뤄내는 경관도 산토리니 못지않다.

  산토리니가 아름다워 보이는 이유는 무엇일까? 건물 한 채 한 채가 아름다워서 혹은 유명한 건축가가 설계한 집들이어서? 그렇지 않다. 언덕에 어울리는 작은 집들이 구릉지 지형에 순응하는 형태로 자리하고 있기에 아름다운 것이다. 태극도마을도, 동피랑마을도, 장수마을도 다 마찬가지다. 구릉지와 언덕을 아름답게 유지하는 일은 어렵지 않다. 의외로 쉽다. 언덕 위에 작은 집을 지으면 된다. 큰 집을 짓지 못하게 막는 것, 그게 바로 답이다.

① 부산시 감천동 태극도마을의 풍경. ⓒ권일화

② 서울시 삼선동 장수마을의 풍경. ⓒ구가도시건축

③ 성남시 태평동의 구릉지 경관. 구릉 지형을 따라 나지막한 건물들이 서로의 시야를 가리지 않은 채 들어서 있다. 볼품없는 작은 건물들이 빽빽이 밀집돼 있어 아름다워 보이지 않을지 몰라도, 자연 지형에 순응하고 이웃에게 피해를 주지 않는 구릉지 순응형 경관임에는 틀림없다.

프라하는 예쁘고, 서울은 밉고?

문제 경관의 죄질에도 경중이 있다

한상 경관 연구 이야기를 기억하고 있는 독자라면 네 가지 문제 경관 유형도 기억하고 있을 것이다. 위압경관, 차폐경관, 잠식경관, 획일경관. 이 네 가지 문제 경관은 도시경관을 해치는 주범이다. 그런데 문제 경관에도 경중이 있으니 조금 더 나쁜 문제 경관이 있는가 하면, 조금 덜 나쁜 문제 경관도 있다. 이를테면 문제 경관의 죄질이 서로 다르다는 얘기다. 문제 경관의 경중 또는 죄질을 가르는 것은 매우 중요하다. 무엇이 더욱 심각한 문제인지를 판단해야, 문제의 예방과 해결을 위한 처방도 내릴 수 있기 때문이다.

네 가지 문제 경관 가운데 어느 것이 가장 심각한 문제라고 생각하는가? 네 가지 가운데 하나를 꼭 집어내라면 무엇을 고르겠는가? 학생이나 시민, 전문가 들을 대상으로 강의를 할 때 종종 이 질문을 던지곤 한다. 대답을 들어보면 많은 사람들이 차폐경관과 잠식경관의 죄질이 가장 무겁다고 답한다. 반대로 획일경관의 죄질을 가장 가볍게 인식한다. 그런데 뜻밖인 것은 많은 사람들이 위압경관의 문제는 비교적 가볍게 본다는 점이다.

획일경관을 보는 서로 다른 눈

문제 경관의 죄질을 판단하는 것은 도시 전반이나 주변 사람들에게 직접적이고 구체적인 피해를 주는지 여부에 달려 있다. 차폐경관은 남의 시야를 가로막고, 잠식경관은 자연 지형과 녹지를 훼손하며, 위압경관은 인근에 햇볕을 가리고 사생활을 침해하는 등의 직접적인 피해를 준다. 반면 획일경관은 비슷비슷하게 생긴 모습이 아름다워 보이지 않을 수는 있어도 주변이나 도시경관에 심각한 피해를 주지 않는다. 그런데도 우리나라 여러 도시들의 경관 정책을 보면 네 개의 문제 경관 가운데 획일경관을 가장 큰 문제로 여기는 것 같다. 경관 문제의 주범을 자꾸만 획일경관으로 몰아가는 경향이 보인다. 진단이 그러하니 처방도 이에 따른다. 경관 문제의 해결점을 개성과 다름에서 찾으려 한다.

나는 이 같은 진단과 처방에 동의하지 않는다. 경관 문제의 진짜 주범은 위압경관, 차폐경관, 잠식경관이다. 획일경관을 때려잡기에 앞서 다른 경관 문제를 해결하는 것이 더욱 시급하다. 참 이상하다. 많은 사람들이 파리를, 런던을, 프라하를 보고 와서 감탄을 아끼지 않는다. 그런데 그 눈으로, 나직한 반포아파트나 옛날의 잠실아파트를 보면 마구 비난을 퍼붓는다. 다시 생각해보자, 무엇이 다른지. 파리와 런던의 옛 건물들과 도시경관을 아름답게

① 체코의 수도 프라하의 전경. 건물의 높이와 형태, 지붕의 색채까지 유사한 획일경관의 좋은 예다. ⓒ권영덕

② 5층 규모의 반포 주공아파트. 같은 높이와 형태가 반복되는 획일경관이다. ⓒ서울연구원

③ 5층 규모의 잠실 주공아파트. 일자 배치의 반포 주공아파트와는 다른 'ㅁ'자 형태의 배치를 하고 있으나, 같은 높이와 형태가 반복되는 획일경관이라는 점은 마찬가지다. ⓒ서울연구원

보는 이유는 무엇인가? 프라하의 경관을 보며 감탄하는 이유가 무엇인가? 획일경관이어서 아름답게 보이는 게 아닌가. 같은 높이와 같은 색, 같은 형태를 한 건물들이 무리지어 서 있어서 아름다워 보이는 게 아닌가. 그런데 왜 반포아파트는, 왜 잠실아파트는 추하다고 비난하는가. 이들도 똑같은 획일경관인데 말이다.

사람들이 이처럼 획일경관에 이중 잣대를 들이대는 데는 도시 정책에 의한 학습 효과나 건설 회사의 광고가 큰 영향을 미쳤을 것이다. 정작 잡아야 할 위압경관, 잠식경관, 차폐경관은 잡지 못하면서 획일경관을 애꿎은 속죄양으로 삼은 잘못된 경관 정책이 가져온 결과이자, 개발과 재개발사업을 부추기기 위해 오래된 건물의 가치를 폄하하고자 했던 개발 회사와 건설 회사들의 치밀한 홍보 전략이 거둔 성과일지도 모른다.

튀는 건물이 좋은가?

획일경관을 부정적으로 바라보는 시대 분위기에 동조하여 튀는 건물들이 급격히 늘어나고 있다. 개별 건물마다 건축적 가치나 작품성은 있을지 모르지만 주변에 대한 배려나 존중을 찾아보긴 힘들다. 스폰지밥처럼 생긴 삼성동의 크링, 구멍을 뽕뽕 뚫어놓은 논현동의 어반하이브, 물결치듯 흔들어놓은 강남역의 GT타워, 마징가제트의 머리처럼 생긴 서울중앙우체국 건물까지 튀는 건물 일색이다.

민간 건축물만 그런 게 아니다. 새로 지은 서울시청사는 쓰나미를 연상시키고, 공사가 한창인 동대문디자인플라자는 흡사 똬리를 튼 구렁이 같다. 오

① 스폰지밥처럼 생긴 서울 삼성동의 크링. 네모반듯한 건물들과는 달리 건물 정면에 커다란 동그라미를 여럿 뚫어놓았다. ⓒ강명준

② 물결치듯 휘어지는 형태를 하고 있는 강남 GT타워. 이 역시 튀는 건물이다. ⓒ강명준

③ 새로 준공된 서울시 신청사. 옛 시청사 건물을 덮치는 듯한 파도 형태를 띠고 있어 쓰나미 건물이라 불리기도 한다.

④ 동대문운동장을 헐고 그 자리에 짓고 있는 동대문디자인플라자. 동대문디자인플라자 역시 그 자리의 역사와 장소성과 무관하게 또 주변 건물이나 맥락은 아랑곳하지 않고 들어선 튀는 건물이다.

세훈 시장 때 지어놓고 놀리고 있는 세빛둥둥섬도 마찬가지다. 경복궁 바로 앞 옛 한국일보사 자리에 세워진 트윈트리타워도 유리를 덧입고 튀는 형태를 취하고 있다. 경복궁 야간 개장일에 고궁박물관 앞에 서서 트윈트리타워가 내뿜는 환한 불빛을 바라보며 적잖이 민망했다. 주변은 아랑곳하지 않고 저만을 뽐내는 우리의 세상사가 건물의 풍경에 그대로 투영돼 있었다.

도시가 갤러리인가

튀는 건물과 도시를 예찬하는 문화의 저변에는 건물이나 도시를 작품으로 보는 인식이 깔려 있다. 도시를 갤러리로 보고 튀는 건물로 채워가려는 경향이 강하다. 이를 증명이라도 하듯 서울시는 2007년 '도시가 작품이다'를 슬로건으로 하는 '도시갤러리 프로젝트'를 시작했다. 도시 자체가 작품이 되는 공공예술 프로젝트였다.

　서울을 아름다운 도시로 만들자는 생각 자체에는 반대하지 않는다. 도시를 아름답게 관리하고, 공공장소를 수준 높게 가꾸는 것에 기꺼이 동의한다. 도시갤러리 프로젝트의 긍정적 성과에 공감하고, 고맙게 여긴다. 그러나 도시가 작품이라는 생각, 도시가 곧 갤러리라는 생각에 대해서는 동의하지 않는다. 도시가 갤러리일 수 있을까? 갤러리는 작품 감상을 원하는 사람들이 찾아가 작품을 보고 즐기는 곳이다. 원하지 않는 사람은 굳이 가지 않아도 된다. 선택이 가능하다. 그래서 도시는 갤러리가 아니다. 물론 도시가 갤러리가 되어서도 안 된다. 누군가는 즐거워할지 모르지만 다른 누군가는 싫어도 할 수 없이 봐야 한다. 감상을 강요받는 것이다.

옥외광고물을 규제하는 이유도 비슷하다. 건물 벽이나 옥상에 설치하거나, 버스 정류장 또는 자동차 표면에 그려놓은 옥외광고물은 개인의 의사와 상관없이 볼 수밖에 없기 때문이다. 광고를 보도록 강제할 뿐만 아니라 광고보다 더 중요한 공공 사인public sign을 헷갈리게 할 수도 있고, 공공의 안전과 복지를 침해할 수도 있기에 옥외광고를 엄격하게 규제하는 것이다.

이처럼 도시가 옥외광고물의 무풍지대일 수 없듯이, 갤러리가 되어서도 곤란하다. 건물이나 시설물, 공공장소가 곧 작품은 아니다. 도시는 갤러리기에 앞서 '삶터'다. 아름다움에 대한 사람들의 서로 다른 생각을 하나로 통일할 필요는 없다. 그러나 아름다움을 보는 관점이 다른 것과는 별개로 서로 존중하고 배려하며 함께 살아가는 최소한의 도리는 지켜줬으면 좋겠다. 다들 앉아 있으면 나도 함께 앉고, 나이 지긋하신 분 앞에서는 조금은 다소곳한 자세를 취하며, 겉으로 튀는 것보다는 내실을 채우고 진실해지도록 노력하는 것. 그것은 사람은 물론 건물과 도시에게도 요구되는 최소한의 도리요 예의가 아니겠는가. 그런 참한 사람들과 함께, 참한 건물들과 더불어, 참한 도시에서 어우러져 살고 싶다.

전망 좋은 집 신드롬

전망 좋은 곳에는 정자를 지어야지

서울시정개발연구원에서 일할 때 외부 전문가를 모셔서 강의를 함께 듣는 시간이 가끔 있었다. 연구원 안에도 도시계획, 도시설계, 교통, 경제, 사회, 복지, 문화, 환경 등 다양한 분야의 전문가들이 있지만, 타 분야 전문가들의 이야기가 오히려 서울 연구에 큰 도움이 될 때가 많았다. 그날 모셨던 전문가는 풍수지리를 오래 연구해온 분이었다. 우리 조상들은 산 자들의 집을 지을 때나 죽은 자의 집을 지을 때도 풍수를 살펴 터를 잡고 집을 지었단다. 그렇게 풍수지리 이야기를 풀어나가다가 갑자기 정신이 번쩍 드는 얘기로 넘어간다. 서울에서 아주 비싼 동네나 집들 가운데에는 풍수상 몹시 흉한 곳이 많다며 구체적 예를 든다.

고층 아파트, 특히 한강이 내려다보이는 고층 아파트에 사는 주부들이 우울증에 많이 걸립니다. 전망이야 끝내주겠지만 탁 트인 전망이 오히려 독이 되기 때문입니다. 넓게 트인 시야는 마치 내가 세상에 그대로 노출된 것 같은 느낌이나 너른 들판에 홀로 서 있는 것 같은 고독감을 줄 수도 있습니다. 게다가 흘러가는 강물을 한참 바라보고 있으면 나 또한 어디론가 흘러가는 것 같은 착각에 빠지게 되니 더욱 좋지 않습니다.

그분 말씀에 따르면 우리 조상들은 집을 지을 때 전망 좋은 곳을 집터로 삼지 않았다고 한다. 전망 좋은 곳에는 살림집이 아닌 정자를 지었단다. 전망 좋은 곳은 으레 높거나 툭 튀어나온 곳이어서 바람 또한 세차게 불어올 터이니, 안온하고 편안해야 할 살림집의 터로는 적합하지 않다는 것이다. 거실에서 볼 때 시야가 넓게 트여 있는 것은 마치 전통 마을의 입구가 휑하니 열려 있는 것과 같아서, 집에 머물러야 할 식구들의 건강과 화복과 재물까지 베란다의 너른 공간으로 다 빠져나가기 십상이란다. 마을 입구에 숲을 지어 비보(모자라는 곳을 채움)하듯 거실 창가에도 관엽식물을 두어 가려 막고, 마음의 안정을 취하는 것이 좋단다.

전망보다도 훨씬 더 중요한 가치들을 집과 마을에 담고 살아야 한다는 것이 그날 강의의 핵심이었다. 그러나 우리는 여전히 전망에 목을 맨다. 건설 회사들은 '전망 좋은 집'을 광고하며 아파트를 팔고 있다. 다시 생각해보자. 전망 좋은 집이 진짜 좋은 집일까? 사랑스러운 배우자와 토끼 같은 자식들 얼굴을 보는 곳이 집이지, 창밖 전망만 보고 살 텐가?

전망에 끌려다니는 지금의 주거 행태는 자연스럽지 않다. 여기에는 상품가치와 투자가치 측면에서 집을 대하도록 몰아간 마케팅의 힘이 숨어 있다. 소비자 역할에만 머물렀던 우리들이 시장의 기획과 연출에 그저 순응해 빚어진 결과다. 전망 좋은 집보다 더 좋은 집을 짓고 사는 일은 결국 우리에게 달려 있다.

고층화의 욕망

전망 좋은 집을 짓기 위해서는 고층화를 추구할 수밖에 없다. 전망이 좋은 산이나 언덕은 제한돼 있으니, 높은 건물을 지어 언덕을 올리고 산을 만드는 일밖에는 따로 방법이 없기 때문이다. 고층화의 욕망은 인류의 역사와 함께 이어져 왔다. 바벨탑 이야기가 서막을 열었고, 철골구조와 엘리베이터가 뒤를 이은 이래로 초고층 경쟁은 멈추지 않고 있다. 뉴욕의 엠파이어 스테이트 빌딩(381미터, 1931), 쿠알라룸푸르 페트로나스 타워(452미터, 1998), 타이페이 금융센터(509미터, 2004) 그리고 두바이의 부르즈 할리파(830미터, 2010)까지 키 높이 경쟁이 이어졌고, 우리나라 역시 예외는 아니다.

우리나라에서는 여의도 63빌딩(249미터, 1985)이 제일 높은 건물이었으나 타워팰리스(264미터, 2004)로 자리가 넘어갔고, 목동 하이페리온(256미터, 2006)을 비롯한 초고층 주상복합이 서울과 전국 여러 도시들에 건설되면서 초고층 붐이 이어졌다. 현재 국내에서 가장 높은 건물은 부산 해운대에 세워진 두산위브더제니스(301미터, 2011)이지만, 건설 중인 잠실 롯데월드타워(555미터, 2016)가 완공되면 순위는 또 바뀌게 될 것이다.

유독 아시아와 중동은 왜 이렇게 기를 쓰고 높이 경쟁을 할까? 물론 건축 기술을 드러내고 싶은 욕망도 있지만 실상은 시장 논리 때문이다. '높이 나

① 두바이에 세워진 세계 최고 높이의 건물 부르즈 할리파(163층)는 높이가 830미터에 이른다.

② 건축 중인 잠실 롯데월드타워(123층)의 높이는 555미터로, 완공되면 우리나라에서 가장 높은 건물이 된다.

는 새가 멀리 본다'는 말처럼 높은 건물을 지으면 멀리까지 볼 수 있는 조망을 얻게 되고, 조망은 결국 돈이 되기 때문이다. 문제는 고층화의 욕망이 몰고 올 부작용에 있다. 민간 기업들이 저마다 곳곳에 초고층 건물을 짓는다고 가정해보자. 롯데가 잠실에 123층 높이의 건물을 짓고, 대우는 상암에 130층 높이의 건물을, 삼성은 용산에 150층을…… 제각각 지은 초고층 건물에서 빼어난 사적 조망을 향유할 때, 불쑥불쑥 솟은 초고층 건물들로 인해 공적 조망이 제대로 유지될 수 있을까? 개인의 욕망은 충족될지 몰라도 후대와 함께 누려야 할 공공 경관과 복리는 지켜질 수 있을까? 이 같은 고층화의 욕망으로부터 공익을 지켜내는 것이 바로 도시계획과 도시설계가 해야 할 일이다.

서울 한양도성 안에서도 이와 같은 고층화의 욕망이 거세게 분출된 적이 있다. 서울의 도시계획은 이미 오래전부터 한양도성 안 도심부의 건물 높이를 제한해 왔다. 2001년에 처음으로 도심부 관리계획이 세워졌을 때에는 도심부의 최고 높이를 90미터로 제한했고, 2004년 도심부 발전계획으로 수정됐을 때에도 같은 기조 아래 110미터 최고 높이 규제를 적용했다. 도심재개발 사업이 이루어지는 정비구역에서는 높이 완화를 적용 받을 수 있지만 도심부 높이 관리의 기본 철학과 원칙은 유지됐다.

그 틀을 깨려 했던 사건이 2007년에 일어났다. 정동일 중구청장은 세운상가 자리에 초고층 건물을 짓겠다며 서울시에 도심부 높이 제한 해제를 요구한 것이다. 종묘 앞에 서울의 랜드마크를 세우겠다며 제안한 건축계획을 보면 건물 높이가 220층, 960미터에 이른다. 서울시의 거부로 이 계획은 결국 무산됐지만, 이와 같은 고층화의 욕망은 때와 장소를 가리지 않고 잠복해 있다. 마치 휴화산처럼 말이다.

요즘 단지계획

고층화의 욕망에 갇힌 주거 문화는 아파트 단지계획에 큰 영향을 끼쳤다. 단지계획의 철학과 방법이 과거와 확연히 달라진 것이다. 잠실 시영아파트가 재건축된 잠실 파크리오 단지에서 그 변화를 확인할 수 있다. 잠실 시영아파트는 1975년에 준공된 5층 높이의 아파트 단지로 163개 동에 약 6000세대가 살았다. 그 후 2008년 8월 재건축사업이 마무리돼 잠실 파크리오란 이름으로 새롭게 태어난 이곳에는 현재 20층에서 36층 규모의 아파트 59개 동이 들어섰고 약 7000세대가 살고 있다. 어마어마한 규모의 단지다.

보통 저층 아파트를 헐고 고층 아파트를 지으면 건물 간격이 넓어져 시원시원한 모습을 볼 수 있을 거라 기대한다. 고층이나 초고층 건물을 짓자는 주장의 이면에는 키 작은 건물들을 빽빽하게 지어 답답하게 살지 말고, 키 큰 건물들을 듬성듬성 지은 뒤 그 사이에 넓은 녹지대와 오픈스페이스를 만들자는 생각이 깔려 있다. 그런데 정말 그럴까? 한강 건너편에서 파크리오 단지를 바라보면 건물과 건물 사이의 빈틈을 찾아보기 힘들다. 단지 가까이에서 바깥을 빙 둘러 걸어 다녀도 마찬가지다. 어느 지점에 서면 틈이 조금 벌어질 때도 있지만 대부분 병풍을 둘러친 것처럼 건물들로 꽉 막혀 있다. 5층 아파트를 고층아파트로 올렸는데도 공간은 왜 빈틈없이 빽빽해졌을까? 비밀은 용적률에 있다.

도시계획에서는 두 가지의 밀도 규제를 하고 있는데 하나는 '건폐율'이고 다른 하나가 '용적률'이다. 건물의 밀도는 일차적으로 건폐율(BCR: Building Coverage Ratio)에 의해 제어된다. 주어진 대지의 면적 가운데 건물이 차지한 1층 바닥 면적의 비율이 건폐율이다. 일반주거지역의 건폐율을 60퍼센트로 규제할 경우 땅 100제곱미터에 최대로 지을 수 있는 1층 면적은 60제곱미터가 된다. 용적률(FAR: Floor Area Ratio)은 건물의 부피(용적)를 제한하는 밀도 지표다. 100제곱미터에 바닥 면적이 60제곱미터인 건물을 1층으로 지을 경우 건폐율과 용적률은 모두 60퍼센트지만, 동일한 바닥 면적의 건물을 2층으로 지으면 용적률은 120퍼센트가 된다. 아파트 단지의 건폐율을 보통 20퍼센트 정

왼쪽에 보이는 건물은 아산병원이고 오른쪽이 잠실 시영아파트를 재건축한 파크리오 단지다. 5층 아파트가 30층 아파트로 재건축됐는데도 건물 사이의 틈을 찾아보기 힘들다.

도로 가정하면, 과거에 주로 건설된 5층 높이 아파트의 용적률은 100퍼센트에 불과하지만 높이가 20층으로 올라가면 용적률은 400퍼센트에 이르게 된다.

 옛날에 지어진 한강 변의 5층 아파트의 경우 강 건너에서는 지붕조차 잘 보이지 않았다. 오히려 지붕보다 키가 더 큰 메타세쿼이아 같은 나무들이 눈에 들어왔다. 그러나 재건축으로 고층 아파트들이 들어선 뒤의 경관은 전혀 다른 모습으로 변했다. 건물의 높이 변화 때문이기도 하지만 용적률이 늘어나고 그에 따라 건물의 덩치가 커지게 된 것이 달라진 경관의 주요인이다.

 1960~1970년대에 지어진 5층 내외의 한강아파트, 반포아파트, 잠실아파

자연미가 살아 있는 도시가 참한 도시

트 등은 대부분 용적률이 100퍼센트를 넘지 않았다. 재건축으로 용적률이 300퍼센트 가까이 늘어나면서, 경관이 전혀 딴판으로 변했다. 파크리오 단지의 경관 변화도 마찬가지다. 경관 변화의 이면에는 100퍼센트 남짓에서 280퍼센트까지 올라간 용적률의 영향이 깊이 개입되어 있는 것이다.

약장수 이론

위성사진으로 파크리오 단지를 보면 병풍처럼 가로막는 답답한 경관의 원인을 이해할 수 있다. 아래쪽에 있는 진주아파트 단지가 과거의 단지계획을 보여주는 배치라면, 위쪽의 파크리오 단지는 요즘의 단지계획을 잘 보여준다. 10층의 기다란 건물을 줄지어 배치한 진주아파트와는 달리 파크리오 단지는 여러 개의 탑처럼 생긴 고층 아파트들을 마치 젓가락을 꽂듯이 촘촘히 박아둔 모습이다.

이러한 배치로 단지계획을 한 데는 두 가지 이유가 있다. 하나는 법에서 허용하는 가장 많은 양의 집을 짓기 위함이고, 다른 하나는 입주자들의 조망을 최대한 배려하기 위함이다. 아주 빽빽해 보이는 배치이지만, 각각의 건물에서는 한강, 성내천, 올림픽공원 그리고 저 멀리 남한산성까지도 내다볼 수 있다. 입주자의 조망권을 꼼꼼하게 배려한 사려 깊은 단지계획이다. 그러나 밖에서 안을 바라보는 조망에 대한 배려는 전혀 없다. 입주민을 위한 배려는 있지만, 바깥에 있는 시민들이 아파트 단지를 바라보는 조망에 대한 배려는 없다. 결국 어디에서 보아도 꽉 막힌 거대한 성채처럼 다가올 뿐이다.

이와 같은 현상을 '약장수 이론'이라 설명하고는 한다. 시골 장터에서 약

하늘에서 내려다본 파크리오 단지. 용적률을 최대한 높이기 위해 고층의 탑상형(두 개 이상의 동을 탑을 쌓듯 짓는 형태로 주로 고층 주상복합에 쓰이는 배치) 아파트를 촘촘히 박아둔 모습을 하고 있다. 각 건물에서는 건물 틈새로 밖을 볼 수 있지만 밖에서 보면 빈틈이 거의 없이 빽빽하게 막혀 있다.

장수가 약을 판다. 원숭이도 한 마리 구해놓고 장광설을 늘어놓는다. 점차 사람들이 모여들어 약장수를 에워싸 울타리를 친다. 뒤늦게 온 사람도 약장수를 보고 싶어 사방을 둘러보면서 가장 좋은 자리를 찾는다. 그곳이 어디일까? 맞다. 가장 키가 작은 사람이 있는 곳이다. 이런 현상은 비단 시골 장터에서뿐만 아니라 한강 변이나 산, 고궁이나 공원 주변에서도 늘 일어난다. 한강을 보고 싶어 하는 입주자의 욕구를 충실하게 배려하는 단지계획의 결과로 빈틈은 차곡차곡 채워진다. 한강에 바로 면한 단지에서 시각회랑(연속된 조망이 가능한 선적인 관찰 통로)을 만들어 틈을 열어주면, 바로 그 틈에다 또 다른 건물을 세운다. 그래야 볼 수 있으니까. 결국 한강 변을 둘러치는 담장의 높이가 올라가고 또 올라갈 뿐이다.

오세훈 시장 재임 중 서울시가 '한강공공성 재편계획'을 세웠었다. 잠실 아파트 단지들이 30층으로 재건축돼도 빈틈없이 빽빽해지니 50층, 60층의 초고층 건물을 유도하여 틈을 벌려보자는 의도였다. 그리고 한강으로 향하는 접근성을 높이기 위해 강변도로 위에 거대한 덮개공원을 건설하자는 제안도 반영했다. 서울시 재정이 아닌 재건축 조합의 부담으로 덮개공원을 건설하는 대신 조합이 손해를 보지 않도록 높이를 완화해주자는 취지도 포함했다. 그러나 재건축을 추진하던 압구정동과 여의도 주민들의 반발로 이 계획은 무산됐다. 시민의 접근성 향상이 공공성을 강화하는 것은 맞지만 접근성 개선을 위해 초고층 개발을 허용하는 것에는 찬성하기 힘들다. 이는 작은 것을 얻고 큰 것을 잃는 것이다.

서울의 아름다운 자연경관을 보호하는 방법이 무엇일까? 여기에는 오직 한 가지 방법밖에는 없다. 높이를 낮추는 것. 높이 제한이 있으면 단지계획도 바뀐다. 높이 제한이 있어야 건축가들이 창의적인 설계를 할 수 있다. 그러면 젓가락 꽂듯 건물을 심는 지금과 같은 방식이 아니라 블록형, 테라스형, 타운하우스형 등 다양한 주거 단지가 등장할 것이다. 그런데 참 걱정이다. 시민들도, 건축가들도 높이 규제를 싫어한다. 시의원들 중에는 펄쩍펄쩍 뛰는 이들도 있다. 그러니 공무원들도 높이 규제를 부담스러워 할 수밖에 없다. 끝이 없는 공중전에 서울은 지금 몸살을 앓고 있다.

새들이 쉴 수도 없는 도시

무위자연과 당나귀 길

도시에는 사람만 사는 게 아니다. 수많은 생명들도 우리와 함께 살아간다. 이들까지 배려하는 세심한 도시설계를 해야 한다. 그것이 곧 건강한 도시, 생기 넘치는 도시, 지속가능한 도시를 꿈꾸는 도시설계의 길이다. 자연을 대하는 태도는 도시계획이나 도시설계에서 매우 중요하다. '자연을 어떻게 바라보는가, 자연을 어떻게 활용해서 도시를 계획하고 설계할 것인가'에 대한 입장이 결국 도시계획과 도시설계의 핵심 철학이자 방법 선택의 기준이 될 것이기 때문이다.

동서양 자연관의 차이를 이야기할 때 노자의 무위자연無爲自然과 르코르뷔지에(Le Corbusier, 1887~1965)의 당나귀 길을 대비하곤 한다. 세계적인 건축가이자 도시설계가로 널리 알려진 르코르뷔지에는 계획 없이 자연발생적으로 만들어진 구불구불한 길은 사람의 길이 아닌 당나귀 길이고, 그런 길은 비효율적일 뿐만 아니라 위험하다고 생각했다. 그는 직선으로 이어진 곧은길이야 말로 진정 사람의 길이니 반듯하고 질서 정연한 형태의 도시를 만들자고 주장했다. 무질서한 도로망으로 이뤄진 오래된 도시는 혼돈의 근원이 될 것이므로 과감한 재개발이 필요하다는 것이다. 계획을 세워 무질서한 자연에 질서를 부여해야 한다는 입장이다.

반면 노자의 무위자연은 인위人爲가 가해지지 않은 자연 상태 그 자체가 가장 질서 있고 조화로운 상태이니, 자연의 질서를 존중하고 자연에 순응하라고 가르친다. 르코르뷔지에의 관점과는 정반대의 입장이다. 도시계획 역사를 들여다보면 바탕이 되는 철학이나 관점에 이처럼 서로 다른 생각이 깔려 있음을 알 수 있다. 재개발, 재건축, 뉴타운사업도 마찬가지이고, 많은 반대에도 불구하고 이명박 정권이 서둘러 추진했던 4대강 사업도 예외는 아니다.

자연을 대하는 태도는 비단 자연관이라고 하는 철학의 문제뿐만 아니라 경제와도 깊이 맞물려 있다. 돈을 덜 들이고 더 빨리 개발하기 위한 현실적인 이유 때문에 자연을 함부로 다루면서 도시를 계획하고 개발하는 경우가 많다. 산과 강, 언덕과 나무들을 최대한 그대로 둔 채 집을 짓고 마을과 도시를 만들 것인가 아니면 산도 밀고 강도 메울 것인가. 경제적 관점에만 예속되는 한 우리의 선택은 자유로울 수 없다.

무너지는 산, 잘린 언덕, 사라진 냇물

2009년 가을쯤 대전에 다녀올 일이 두 번 있었다. 목원대학교에 강의 차 한 번 다녀왔고, 보름 후 학술대회에 참가하기 위해 같은 장소를 다시 방문했다.

그해 가을, 목원대학교를 오가면서 캠퍼스 주변의 거대한 시가지 개발 현장을 유심히 살펴보았다. 이곳은 대전 서남권이라 불리기도 하고 도안 신도시라 불리기도 하는데, 개발 현장에서 가장 눈에 띄는 것이 바로 '무너지는 산'이었다. 공사 현장의 한가운데 위치한 거대한 산이 매일매일 무너져 내리고 있었다. 신도시를 건설하면서 부지 내의 저지대를 메우기 위해 산을 파내는 것이었을 게다. 산을 깎아 낮은 곳을 메우면 두 곳 모두 평지가 될 테니 가장 경제적인 공법임은 틀림없다.

그러나 경제적 가치로만 자연을 대하는 개발 방식과 이로 인해 무너지는 산을 보자 내내 마음이 저려왔다. 그 기억 위로 또 한 장면이 겹쳐 지나간다. 같은 해 일산 신도시 건설 20주년을 기념하는 세미나가 열려 토론자로 초청을 받았다. 일산에 15년 가까이 살았던 주민이자 전문가의 한 사람이라는 이유였다. 일산이 평평한 덕분에 아이들과 자전거나 인라인스케이트를 타기 참 좋다고 이야기를 꺼내자 다른 토론자 분께서 이런 말씀을 하셨다.

> 일산 신도시 자리는 원래 올망졸망한 언덕과 낮은 산들이 참 많았지요. 그런데 신도시를 만들면서 저지대를 메우기 위해 그 많던 언덕들이 모두 다 깎여 나갔습니다. 오직 정발산 하나만 남았지요. 원래 지형을 잘 살렸다면 일산은 지금보다 훨씬 더 아름다운 도시가 되었을 겁니다. 옛날의 추억과 정취를 간직한 푸근한 도시가 되었겠죠.

일산에 오래 사셨다는 그분의 말씀을 듣고 황망했다. 일산을 처음부터 평평한 곳으로 생각하고 살았던 자신이 부끄러워 얼굴이 화끈 달아올랐다. 일산으로 이사 온 지 한두 해 지났을 무렵, 밤늦게 귀가하던 택시 안에서 일산의 옛 이야기를 들을 수 있었다. 택시가 자유로에 접어들 즈음 나이 지긋한 기사 분은 일산 신도시의 옛 모습에 대해 많은 이야기를 들려주셨다. 일산에서 태어나 지금까지 살고 계시다는 그분께 들은 이야기는 흥미로웠고, 다른 한편으론 가슴이 무척 아프기도 했다.

주엽동은 과거 주엽리注葉里로 불렸는데, 맑은 냇물이 흘러 마을 청년들이 떼 지어 고기잡이를 나가면 어른 팔뚝만 한 물고기들을 양동이에 가득 잡곤 했단다. 그래서 동네 이름에 물댈 '주注' 자가 들어간다고 풀어주셨다. 지명에 담긴 한자에 대한 의문이 그제서야 풀렸다. 아파트와 아스팔트로 사라진 것은 개천과 들판뿐만이 아니다. 이곳에 살던 사람들의 집과 일, 놀이 그리고 그네들의 소중한 추억과 흔적들마저 깡그리 사라졌다니, 참으로 죄스러운 일이다.

죽임의 도시, 살림의 도시

도시를 세우고, 관리하는 데는 '죽임'과 '살림'의 방식이 있다. 신개발이든 재개발이든 원래 있던 것들을 송두리째 뭉개고 새로 짓는 게 죽임의 방식이라면, 원래 있던 것들을 잘 지키고, 남기고, 다듬고, 가꾸는 것은 살림의 방식이다. 불행히도 지난 30여 년간 우리의 도시 만들기는 살림보다는 죽임의 방식에 가까웠다. 가난에서 벗어나 나라를 일으켜 세워야 한다는 절박함 뒤에는 외적 성과에만 급급했던 정치 논리와 개발이익을 좇아가는 자본 논리가 팽배해 있었다. 짧은 기간 안에 성장을 이룬 대가로 우리는 생명의 숲을 잃었고, 언덕을 빼앗겼다. 오랜 시간 차곡차곡 쌓이고 이어져 온 정취와 냄새, 소리와 빛깔마저

다 지워버리고 말았다. 일산 신도시를 만들 때도 그랬고 20년이 지난 지금 친환경, 저탄소 녹색도시를 지향하는 도안 신도시를 만들 때도 마찬가지다. 우리는 산을 밀고 강을 메워 평지를 만드는 방식의 도시개발을 계속하고 있다.

　조선왕조의 도읍지로 한양을 건설할 때, 그 당시 도시설계가들은 자연 지형을 그대로 살리며 도시를 만드는 독특하고 품격 높은 방법을 택했다. 성을 쌓을 때나 집을 지을 때나 마을을 만들 때나 늘 자연 지형을 고스란히 살렸다. 땅을 잘라내는 절토 방식을 최대한 배제하여 마을과 도시를 만들었기에 산사태의 피해를 겪지 않았다. 산을 밀고 강을 메워 도시를 만들고, 절토하고 성토하여 거대한 옹벽의 아파트 단지를 만드는 요즘 우리의 도시설계와 단지계획을 보면 가슴이 아프다. 600년 전 우리 선조들의 우아한 도시설계 철학을 다 잃어버린 것이 애통하고 죄스럽다. 자연을 파괴하고 생물들을 쫓아내며 세운 도시, 옛것을 싹 쓸어내고 새것에만 몰두하는 도시는 죽임의 도시이고 언젠가는 죽음의 도시에 이르게 될 것이다. 살림의 도시, 생명력이 넘치는 살아 있는 도시에서 오래오래 살고 싶다면, 천박하고 광적인 죽임의 행진을 더 이상 묵과해서는 안 된다.

새들이 바라본 한강

요즘 세계 모든 도시들이 최고의 가치로 꼽는 게 바로 지속가능성 또는 지속가능한 개발이다. 지속가능한 개발이란 미래 세대가 그들의 필요를 충족시킬 가능성을 손상하지 않는 범위에서 현재 세대의 필요를 충족시키는 개발을 의미한다. 쉽게 표현하자면 우리 자식들 먹을 것은 남기고 먹으라는 뜻이다.

1992년 6월 브라질 리우데자네이루에서 열린 국제연합환경개발회의에서 '의제21'을 채택하여 지속가능한 개발을 실천하기 위한 구체적 지침들을 제시한 것은 널리 알려진 바다. 그 후 각 나라와 도시들은 이 같은 의제를 존중하여 도시계획을 세우고 도시개발을 제어하고 있다.

물론 당연하고 지당한 말씀이었지만 생생하게 피부에 와 닿지 않다가, 갑자기 정신이 번쩍 난 순간이 있었다. '한강의 섬'을 주제로 열린 심포지엄 자리에서였다. 발표자나 토론자도 아니었지만 관심이 가는 주제여서 설레는 마음으로 참석했는데, 심포지엄 말미에 토론자인 어느 교수가 툭툭 던지듯 했던 말들이 화살처럼 가슴에 날아와 팍팍 꽂혔다.

새들의 입장에서 도시를 한번 바라보세요. 제가 새라면 말이지요, 하늘을 날아오다 한강을 내려다본다면 이곳은 도무지 살 수도, 쉴 수도 없는 곳이라 판단하고 외면할 겁니다. 원래 우리의 강이란 언제나 물이 가득 차 흐르는 곳이 아닙니다. 40센티미터 남짓의 물이 찰랑찰랑 흐르고, 한 해의 삼분의 이 정도는 강물이 말라 있는 곳. 그래서 강의 경계가 늘 왔다 갔다 하는 곳. 그곳이 바로 새들이 살기 좋은 강입니다. 한강을 지금처럼 바꾸어놓은 것은 새들이 살 수 없는 곳을 만든 것입니다. 그뿐 아니지요. 사람들에게 특히 우리 아이들에게 강에 대한 잘못된 인식을 심어주기도 합니다.

다른 토론자였던 PGA습지생태연구소 소장의 이야기도 놀라웠다.

그나마 밤섬이 있어 한강에 단 한 곳이라도 새들이 쉴 수 있는 장소가 있지만, 바로 코앞에 있는 밤섬까지 건너가는 새는 극히 일부이고, 대부분은 서울 시계를 넘어가지 않습니다. 수많은 새들이 고양시와 김포, 파주 쪽 한강에서만 머무는 이유는 바로 신곡 수중보 때문입니다.

당시 일산에 살면서 새벽마다 출근할 때 보았던 한강 하구의 너른 벌과 습지대가 바로 새들의 쉼터요 낙원이었던 것이다. 새들은 수중보(물길을 막아 수위를 일정하게 유지하는 시설)로 막아두지 않는 자연 그대로의 강에서 편히 살 수 있음을 새롭게 배웠다. 새들이 쉴 수도 없는 도시에 우리들이 살고 있다는 사실은 도시계획과 도시설계를 업으로 하는 나에게 아픈 깨달음으로 다가왔다.

새들이 살 수 없어 떠나간 도시에서 사람들은 얼마간 살 수 있을지 모른다. 그러나 영원히 살 수는 없을 것이다. 강자의 눈으로만 도시를 보지 말고, 가장 약한 존재의 입장에서 도시를 보고 돌봐야 한다. 새들도 함께 살 수 있는 도시, 그곳이 바로 지속가능한 도시다. 지속가능성이 무엇인지를 배우는 것은 의외로 간단하다. 새가 되어 새들의 눈으로 우리 도시를 살펴본다면 쉽게 알 수 있다.

2
—

역사와 기억이
남아 있는 도시가
참한 도시

구미호 재개발

납량특집극, 구미호

한여름 더위가 기승을 부려 밤중까지 열대야가 계속될 때쯤이면 납량특집으로 흔히 등장하는 게 구미호 이야기다. 그런데 드라마에 등장하는 구미호처럼 대명천지 이 시대에 사람들을 귀신같이 홀리고, 도시에 해악을 끼치고는 바람처럼 사라지는 또 다른 구미호가 있으니 이름 하여 '재개발'이라는 놈이다.

재개발은 도시개발의 한 수법으로 동서양 여러 나라에서 옛날부터 써오던 방식으로 건물뿐 아니라 지역공동체를 일거에 파괴하며 사회적 약자들을 몰아내는 부작용 또한 심각하다. 1960년대부터 시작된 우리나라 재개발은 청계천과 세운상가 일대 도심부에서 시작돼 옥수동, 난곡 등 달동네 재개발로 확산됐고, 도심재개발과 뉴타운사업 등으로 변신하면서 지금도 계속 이어지고 있다.

아홉 개의 꼬리

구미호 재개발의 첫째 꼬리는 현란한 '둔갑술'이다. 재개발이란 이름을 감추고, 도시환경정비사업이네, 뉴타운사업이네, 주거환경개선사업이네 하는 그럴듯한 이름으로 포장한 뒤 사람들을 현혹한다. 과거 '도시재개발법'이라 불리던 법이 '도시 및 주거환경정비법(도정법)'으로 개칭된 것도 구미호의 둔갑술을 잘 보여준다.

둘째 꼬리는 '위선'이다. 조금 낡고 초라할지라도 살 만했던 동네를 살 수 없는 동네인 것처럼 낙인찍는다. 고층 아파트의 번지르르한 모습을 그린 총천연색 조감도와 정돈된 모델하우스가 사람들을 유혹한다. 매일 반복되는 주차 전쟁으로 고생하던 사람들, 아이들 놀 만한 놀이터 하나 없는 동네에서 아이들 보기 부끄럽던 부모들에게 아파트 단지로의 이주는 더할 나위 없는 달콤한 꿈으로 다가올 수밖에 없다.

셋째 꼬리는 사람들에게 '망상'을 심어준다. 두껍아, 두껍아 노래 부르던 사람들의 소망을 들어주는 척 헌 집을 새 집으로, 공으로 작은 집을 큰 집으로 바꿀 수 있다는 환상을 심어준다. 순진한 사람들에게 허망한 기대를 불어넣고, 마음 깊은 곳의 욕심과 이기심을 자극한다.

넷째 꼬리는 단란한 마을공동체를 한순간에 와해시키는 '분열'의 꼬리다. 오랜 세월 한 동네에서 살아오면서 서로 정을 나누고, 상부상조하며 살아온 이웃공동체는 이 녀석 꼬리질 한 방에 갈기갈기 찢기고 서로 반목하며 싸우게 된다. 재개발구역에서 벌어지는 수많은 다툼과 분쟁들이 그 증거다.

다섯째 꼬리는 모든 것을 지워버리고 사람들을 '기억상실'에 빠지게 한다. 재개발이 휩쓸고 지나간 동네를 보라. 화려해 보이는 새것들은 가득해도 옛것은 몽땅 사라져 아무것도 볼 수 없다. 장소만 잃은 게 아니라 그곳에서 살고 놀던 기억과 추억도 함께 잃었다. 기억상실은 곧 가치의 상실, 문화의 상실이기도 하다. 또한 세상의 단 한 곳, 우리 마을만이 갖고 있던 정체성의 상실이기도 하다.

여섯째 꼬리는 '부익부 빈익빈'을 가져온다. 재개발의 결과 마을의 환경 수준이 향상된 만큼 집값도 뛴다. 일부는 폭등한 집값을 지불하고 그 이상의 이익을 향유할 수 있지만, 다수는 그곳에서 살지 못하고 밖으로 밀려나게 된다. 삶터와 일터를 함께 잃은 사람들은 더욱 곤궁해져 사회 주변부로 자꾸만 밀려나게 된다.

일곱째 꼬리는 개개인의 선택과 권리를 빼앗는 '반민주적 폭력'이다. 재개발구역으로 지정되면 땅이나 건물을 가진 개개인은 자기 집을 고치거나 새로 지을 권리를 죄다 빼앗긴다. 주민 개개인은 소외되고, 마을의 미래를 결정하는 일은 거대한 자본을 가진 외부 세력인 개발업자들의 손에 넘어간다.

여덟째 꼬리는 우리가 사는 세상을 병들게 하는 '전염병'이다. 재개발은 마을과 도시의 나양성을 없애고 획일화한다. 남아 있는 단독주택이 천연기념물처럼 드물어지고, 다세대, 다가구 동네마저 하나둘 사라져 온통 아파트숲으로 바뀌고 있다. 허름한 건물의 작은 사무실에 값싼 임대료를 내며 자리했던 작은 가게, 사무실, 작업실 들은 재개발 뒤 그곳에 남아 있지 못한다. 다양성을 잃은 도시, 건강하지 않은 도시는 마치 그것이 정답인 것처럼 옛 동네들을 하나씩 잡아먹고 들불처럼 번져간다.

구미호 재개발의 아홉째 꼬리는 결국 우리의 삶터를 '약육강식의 정글'로 만들어 파괴한다. 구미호가 활개 치는 재개발의 세상은 있는 사람이 더욱 부유해지고, 약자들은 도태되는 약육강식의 정글이다. 돈이 된다면 언덕을 파고 산을 잘라도 된다. 30년 자란 울창한 나무와 숲도 모두 뽑고 밀어내도 상관없다. 재개발로 껑충 높아진 새 건물들이 이웃집을 가리고 온종일 그늘을 드리워도 상관하지 않는다. 몰염치한 세상, 정글 같은 각축장에서 자연이 죽고 사람이 죽는다. 구미호 재개발의 납량특집극은 결국 도시생명체를 죽이는 것으로 막을 내린다.

구미호 사냥

참 이상하다. 전설의 고향에나 나올법한 구미호가 왜 재개발로 둔갑하여 현실에서 이렇게 활개를 치고 다닐까? 먼저 재개발의 당사자인 주민들이 구미호의 현란한 둔갑술과 재주에 쉽게 넘어가기 때문이다. 속고 나서 가슴을 치며 후회해도 때는 이미 늦다. 문제는 시민이다. 당사자가 되어보지 않은 시민들은 재개발 문제에 무관심하다. 모르면서 재개발을 좋은 것으로 여긴다. 구미호의 계략이 대중에게까지 깊숙이 미치고 있다는 얘기다.

    한편 시장이나 구청장은 재개발을 자신의 업적으로 생각하고 이를 강력하게 추진하려 한다. 재개발을 하면 가난한 사람들이 나가고 부자들이 들어와 세수가 늘어난다는 현실적인 이유도 작용한다. 단체장들 가운데는 재개발의 문제를 제대로 인식하는 사람들도 있을 것이다. 하지만 이들의 선택과 결정은 시민의 눈높이를 벗어날 수 없다. 표심에서 자유로운 단체장이 어디 있겠는가. 어느 단체장 후보가 주민들이 원하고, 시민들도 동조하는 뉴타운사업을 하지 않겠다고 말할 수 있겠는가. 결국 구미호 사냥은 시민에게 달려 있다. 사냥은 그리 어렵지 않다. 우리 주변에서 재개발로 인해 고통을 겪고 있는 이웃들을 살펴보고, 나의 일처럼 여길 때 구미호 사냥꾼으로서의 눈이 열리고 힘이 붙을 것이다.

건물이 냉장고입니까?

피터의 승리

"여보세요? 정 박사님이시죠?"
"네, 접니다."
"디스 이스 피터."

피터의 목소리가 유난히 밝다. 장난기까지 느껴지는 걸 보니 뭔가 좋은 소식이 있나보다. 아니나 다를까, 경쾌한 목소리가 이어진다.

"정 박사님, 우리가 이겼습니다."

5년간의 법정 싸움에서 막 이겼다는 반가운 소식이다. 축하의 인사와 함께 삼겹살 파티라도 해야 하지 않겠냐는 말을 하고는 전화를 끊었다. 다음날 신문과 방송에 피터의 승리 소식이 가득했다.

  피터가 살던 동소문동 한옥 주거지 일대는 2004년 6월 재개발예정구역으로 지정됐고, 한옥에서 계속 살기를 원하는 피터와 이웃 주민들이 재개발 반대 운동을 시작했다. 2008년에는 주민들과 함께 서울시를 상대로 재개발구역 지정 취소 소송을 제기하였는데 2009년 6월에 마침내 승소하게 된 것이다. 법원의 판결에 따르면 재개발구역의 지정 요건 중 하나인 건축물 노후도를 산정할 때 잘못이 있었단다. 이미 철거되어 존재하지 않는 건물까지 포함해서 노후도를 산정했으니 재개발구역 지정 처분을 취소해야 한다는 것이 판결의 요지였다.

  이것이 어디 피터 한 사람의 승리겠는가? 한옥이 좋아 한옥에서 살고, 단독주택이 좋아 단독주택에 살겠다는데 재개발은 그 사람의 뜻과 전혀 무관하게 강행된다. 이러한 재개발에 제동이 걸렸다는 것은 오래 살아왔던 우리 집과 동네에서 계속 살고 싶어 하는 모든 이들의 승리라 할 수 있다.

한국인보다 한옥을 더 사랑하는 사람

피티 바살러뮤를 소개하는 직함은 여럿이지만 '한국인보다 한옥을 더 사랑하는 외국인'이란 표현만큼 그를 잘 소개하기란 어려울 것이다. 그는 1968년 대학을 졸업하자마자 평화봉사단으로 한국에 왔고, 강릉 선교장(국가지정 중요민속자료 제5호인 전통 가옥)에서 5년 가까이 살면서 한옥에 푹 빠진 미국인이다.

한국인보다 더 한옥을 사랑하는 사람인 피터 바살러뮤. 동소문동 한옥 주거지 일대의 무리한 재개발을 막기 위해 5년여의 시간을 싸웠다. ⓒ연합뉴스

1972년 말 서울로 이사해 아파트에서 열 달을 살았는데, 아파트에 흙도 마당도 없어 아주 답답했다고 한다. 그 뒤 동소문동의 한옥으로 이사하여 현재까지 40여 년을 한옥에서 살고 있다. 동소문동 재개발 반대 운동을 승리로 이끈 주인공이며, 극진한 한국 사랑으로 문화체육관광부 세종문화상을 수상하기도 했다.

피터와 친구처럼 가까워지게 된 것은 2008년 서울시정개발연구원에서 '서울시 한옥 주거지 실태조사 및 보전방안 연구'를 진행하던 때였다. 피터를 연구원에 초대하여 한옥 주거지에 살고 있는 주민의 입장에서 생생한 목소리도 들었고, 피터의 집을 방문해 피터가 살아온 한옥과 당시 재개발 문제로 골치를 앓던 동소문동 한옥 주거지를 돌아보기도 했다.

여러분, 한옥의 매력이 뭔지 아세요? 한옥은 중국과 일본의 옛 건축물과 비슷해 보이지만 실은 전혀 다른 모습을 하고 있습니다. 한옥은 사람들에게 "나는 힘이 세, 알겠지?"라고 말하지 않습니다. "나 예쁘지? 나 멋지지?"라고 말하지도 않습니다. 그

대신 "이리 오세요. 와서 편히 쉬세요"라고 속삭이듯 친근감을 줍니다. 한옥만 그런 게 아닙니다. 마을계획과 도시계획에도 한국만의 독특한 매력이 있습니다.

피터를 초대한 특강 자리에서 그의 각별한 한옥 사랑과 한국 사랑을 다시금 엿볼 수 있었다. 피터의 말처럼 같은 동북아 도시들인데도 한국의 건축은 중국, 일본의 건축과 사뭇 다르다. 한옥의 모습과 구조도 그렇고, 성곽의 형태나 축성 방법도 마찬가지다. 마을을 만들고 도시를 만든 생각과 마음도 그렇다.

존엄사와 재개발

한옥지킴이 피터가 언젠가 이런 말을 했다.

20년 이상 된 집은 무조건 노후건축물로 간주하고 재개발 대상으로 생각하는 한국 사람들을 도저히 이해할 수 없습니다. 집이 무슨 냉장고입니까?

냉장고 같은 가전제품은 수명이 있다. 수명이 다하면 버리고 새것을 사야 한다. 그런데 집은 어떤가? 물론 건물도 수명이 있다. 도저히 쓸 수 없는 지경에 이르면 집도 헐고 새로 지어야 한다. 그러나 아직 멀쩡한데도 돈이 된다는 이유로 부수고 짓는다. 집도 마을도 통째로 부수고 새로 짓는 일이 다반사가 됐다. 우리에겐 익숙한 일이 된 지 이미 오래인데, 피터의 눈엔 도저히 납득할 수 없는 일로 보였나보다. 집이 냉장고와 같을 수 있겠냐는 피터의 따끔

한 지적을 들으며, 우리 사회에 뜨거운 논란을 일으켰던 존엄사와 재개발 문제를 함께 생각해봤으면 한다. 2009년 5월 법원에서 처음으로 존엄사를 허용했던 김 할머니는 인공호흡기를 뗀 뒤에도 200여 일을 더 사시다 이듬해 1월에 사망했다. 존엄사 논란을 바라보면서 사람이 다른 생명의 끝을 판단한다는 일이 얼마나 위험한지 다시 생각했다.

인간이든 동물이든 생명의 가치는 시대와 문화에 따라 다르게 여겨지는 것 같다. 특히 경제지상주의의 효율성 논리를 앞세울 때, 사람의 생명과 직결된 안전이 가볍게 여겨질 수 있다. 횡단보도를 둘 것인가 말 것인가, 보행자 횡단 신호 시간을 얼마나 줄 것인가, 자동차의 속도 규제를 얼마로 할 것인가 등 여러 판단의 바탕에는 효율과 생명 사이의 가치판단 문제가 깔려 있다. 후진국과 선진국의 차이 역시 어떤 가치를 중시하는가와 무관하지 않다.

존엄사나 안락사처럼 생명을 판단하는 문제는 비단 사람에게만 국한되지 않는다. 도시를 생명체로 여긴다면 재개발도 결국은 같은 문제로 볼 수 있다. 재개발의 과정을 보면 이렇다. 먼저 재개발기본계획에 따라서 예정구역을 지정한다. 예정구역이란 재개발이 가능한 곳을 미리 정해두는 것인데, 어느 지역이 재개발예정구역에 포함되면 이른바 작업이 바로 시도된다. 재개발사업을 수주하려는 건설 회사들이 주민과 접촉을 시작하고, 주민들도 조합을 구성하는 절차를 거친다. 다수 주민들의 동의를 얻은 뒤 구청과 시청으로부터 재개발구역 지정을 인가받고, 다시 재개발사업 인가가 떨어지면 본격적인 재개발사업이 시작된다.

피터 바살러뮤의 동소문동 소송 결과는 그 동네를 재개발구역으로 지정한 결정, 즉 재개발구역 지정이 잘못됐다는 판결을 이끌어낸 것이다. 조금 오래되고 낡았다는 이유로 멀쩡한 건물과 동네에 섣불리 사망진단서를 발급하고, 득달같이 달려들어 쓸어내고 새로 짓는다. 이러한 재개발이 국가적으로 횡행하는 현실은 결국 생명을 소중히 다루지 않는 우리의 가치관, 우리 문화의 문제다. 우리 것의 소중함을 외국인의 눈을 통해 뒤늦게 깨닫게 된다. 너무 익숙해서 잊거나 미처 깨닫지 못한 우리 것의 소중함을 피터의 눈을 통해 새롭게 느끼고 배운다. 한옥을 지키기 위해 5년의 시간을 싸워온 외국인이 있는데, 우리는 언제까지 우리 것을 부수고 지우는 일을 계속해야 할까.

오래된 건물이 도시를 젊게 한다

골목을 잃은 식당들

청진동 골목이 사라진 지 꽤 오래됐다. 이곳 청진동 골복은 주당들의 마무리 장소였다. 종로에서 밤늦도록 술을 마신 뒤 끝까지 살아남은 동지를 모아 골목길로 슬슬 걸어가곤 했다. 그렇게 걸어 들어가 청진옥이나 홍진옥 같은 해장국 집에 들러 허기진 배도 채우면서 딱 한 잔 더 하던 바로 그 장소들이 허망하게 사라져버렸다.

    종로의 피맛길도 마찬가지다. 열차집에 들러 빈대떡 시켜놓고 막걸리 한 사발 들이키던 재미도 이젠 추억 속에나 남아 있다. 올리비아 핫세, 소피 마르소 같은 예쁜 여배우들 사진이 가득했던 명동성당 앞 판넬골목도 조만간 지워질 것이다. 제일은행 본점 뒤 드물게 남아 있는 선술집인 남원집도 얼마 가지 못할 것이다.

청진옥은 르메이에르 건물로 옮겨 지금도 장사를 하고 있고, 제일은행 뒷골목의 목포집도 주상복합으로 옮겨 장사를 하고 있다. 하지만 옛날 그 맛이 아니다. 음식 맛이 어디 손맛뿐이겠는가. 식당들은 골목을 잃었고, 우리는 추억을 잃었다.

오래된 건물, 오래된 가게에 대한 경의

어르신들을 존중하고 존경해야 하는 것처럼 오래된 건물과 가게도 그 가치를 인정하고 경의를 표해야 한다. 그것이 예의고 도리다. 그렇지 않으면 우리 도시의 오래된 건물과 가게들은 제 가치를 인정받지 못하고 뒷전에 밀려 결국 철거되고 말 것이기 때문이다.

오래된 것들의 소중한 가치를 어떻게 배려하고 함께 지켜나갈 수 있을까. 그 지혜를 북경의 허름한 재래시장에서 발견했다. 북경시는 100년 이상 된 오래된 가게에 명패를 수여한다. '베이징라오쯔하오 北京老字號'라 적힌 자그마한 명패를 가게 앞에 달아주는데 북경에서 아주 오래된 상호나 상표라는 뜻이다. 오래된 가게들이 모여 있는 왕푸징 거리에 가면 이 명패를 달고 있는 가게들을 여럿 볼 수 있고, 허름한 골목과 재래시장에서도 종종 100년이 넘은 가게들을 발견할 수 있다. 나중에 이 제도를 중국 정부가 받아 전국에 적용했는데 그 명칭을 '중화라오쯔하오 中華老字號'라 붙였다.

틈틈이 서울시와 여러 자치구, 지방자치단체 공무원들에게 우리도 오래된 가게를 존중해주는 이런 제도를 도입하자고 건의를 한다. 방송사에 출연했다며 광고하는 그 어떤 간판보다 훨씬 더 가치 있는 명패로 자리 잡게 하자며

① 북경의 왕푸징 거리 입구에 설치된 안내판에 오래된 가게들의 명패인 베이징라오쯔하오가 가득 들어 있다.
② 오래된 식당의 입구에 중화라오쯔하오 명패가 달려 있다.

여기저기 건의를 해도 감감무소식이다. 언젠가는 오래된 가게의 가치를 알아주겠지 하며 또 이야기한다.

　일본 출장길에서 오래된 가게의 특별한 매력을 체감하곤 한다. 세미나를 마치고 저녁 무렵 지인들과 함께 우에노 공원 부근의 오래된 식당에서 술을 마셨다. 이자카야라 불리는 오래된 식당은 역사가 100년을 훨씬 넘었고, 안주를 챙겨주시는 분은 90세가 넘은 할머니셨다. 가게의 역사를 물으니 할머니가 3대째라고 대답하신다. 100년이 넘은 술집의 역사를 접하면서 질기게 이어져온 시간의 힘을 다시 느꼈다. 허름한 술집의 기품을 느껴서인지 그날은 술을 아무리 마셔도 취하지가 않았다.

　그 후 다시 동경을 찾은 건 2년 전쯤이었다. 출장으로 와서 일을 모두 마치고 동경대 유학생들과 함께 학교 근처 가까운 술집을 찾았다. 일부러 역사가 오래된 집에 가자고 요청했더니 기꺼이 안내를 해준다. 가게 이름이 유이인데, 가게를 운영하는 사장의 성을 따 이름을 지었단다. 60대 후반 정도인 사장과 술을 마시면서 이것저것 캐물었다. 가게는 언제부터 시작했는지, 동경대 사람들 중에 누가 이집 단골인지 시시콜콜 묻는데도 꼬박꼬박 친절히 답을 주셨다.

가게와 얽힌 재미있는 이야기가 또 있다. 학교 근처 복정동에 있는 돈덩어리란 식당인데 사장님이 아주 다양한 이벤트를 한다. 사진을 찍어주고 즉석에서 프린트까지 해주며, 가게 벽과 천장에 사진이 붙어 있는 손님이 다시 오면 냉면을 무료로 주기도 한다. 가위바위보를 해서 이기는 손님에겐 안주를 주고, 지는 손님에겐 푸시업을 시키거나 매운 고추를 먹게 한다. 학생들과 그 집에 가면서 속으로 바라는 게 딱 하나 있다. 10년, 20년 아니 50년은 자리를 떠나지 않고 장사를 했으면. 그래야 나도 제자들도 훗날 그곳에 들러 오늘을 추억할 수 있지 않겠는가.

한 자리에서 오래오래 장사를 해온 가게들에는 그곳을 찾았던 사람들의 삶과 이야기가 고스란히 남아 있다. 그래서 오래된 가게는 주인만의 것이 아니다. 그 가게를 찾았던 모든 손님들의 것이기도 하다. 매번 페인트 냄새도 채 가시지 않은 새 건물만 찾아다닐 텐가 아니면 잘 익은 된장처럼 구수한 정취가 배어나는 옛 건물, 옛 가게에서 추억까지 함께 나누어 먹을 텐가. 결국 우리가 선택할 일이다.

재개발의 딜레마

오래된 건물과 골목이 남아 있는 도시가 젊은 도시다. 도시에 활력과 생기가 넘치게 하는 방법은 의외로 간단하다. 재개발을 안 하면 된다. 재개발에는 두 종류가 있다. 과거에는 종로와 중구처럼 서울 도심부 지역에서 벌어지는 재개발을 '도심재개발'이라 불렀고, 달동네와 오래된 주거지역을 재개발할 때에는 '주택개량재개발'이라 불렀다. 1976년에 도시재개발법이 제정되었고, 이 법에 근거해서 두 종류의 재개발이 이뤄졌다. 2002년에 도시 및 주거환경정비법(도정법)이 제정되면서 재개발의 명칭도 '도시환경정비사업(옛 도심재개발)', '주택재개발사업(옛 주택개량재개발)' 등으로 바뀌어 각 사업이 이뤄지고 있다. 도심재개발 대상지는 현재 서울시 전체에 55개 구역, 474개 지구(266만 8,000제곱미터)가 지정되어 있는데 이 중 67퍼센트인 108개 지구는 사업이 완료되거나 진행 중이고, 33퍼센트를 차지하는 54개 지구는 사업이 장기간 이뤄지지 않고 있다.

재개발이 문제인 이유는 개별 건축 행위를 원천적으로 금지한다는 데 있다. 재개발구역으로 지정되면 기존의 건물과 골목을 전면 철거한 뒤 사업 지구별로 새로운 건물과 기반 시설을 조성해야 하므로 기존 건축물을 늘려 짓거나 고치는 것을 허용하지 않는다. 재개발사업은 진행되지 않는데, 오래된 건물에 손도 댈 수 없으니 답답한 노릇이다. 이것이 재개발의 딜레마다.

다들 가난했던 시절이라면 대단위로 주택을 철거하고 전면적으로 재개발할 필요가 있었을지 모른다. 낡고 오래된 작은 건물들과 골목은 곧 가난의 상징이었으니까. 그런데 지금은 시대가 변했다. 우리는 이미 선진국 수준에 도달했고, 건물을 소유한 개개인의 힘과 능력도 충분하다. 크고 높은 건물보다도 오래된 역사도시의 유산과 정체성을 잘 지키는 것이 도시경쟁력을 키우는 것임을 다들 공감하는 이 시대에 우리 도시를 관리할 수 있는 새로운 대안은 도대체 없는 것인가? 대안은 있다. '대단위 재개발'을 전제로 도시를 관리할 게 아니라, '필지단위 개별 개발'을 전제로 도시를 관리하면 된다. 어려운 일도 아니다. 다들 그렇게 오래된 도시를 관리하고 있지 않은가.

오래된 건물이 도시를 젊게 한다고?

재개발 중에서도 특히 도심재개발은 큰 변화를 가져온다. 긍정적 변화도 없진 않겠지만 도시에 주는 부정적 영향도 상당하다. 가장 큰 변화는 다양성의 상실이다. 재개발이 이루어지지 않은 무교동과 재개발이 완료된 을지로 2가를 한번 비교해보라. 어느 곳이 더 다양한지 눈으로 확인할 수 있다.

용도의 다양성을 확인할 수 있는 가장 좋은 장소는 식당이다. 재개발이 이루어지지 않은 곳은 임대료가 싸기 때문에 작고 값싼 식당도 여럿 섞여 있다. 그러나 재개발이 이루어진 곳에는 비싼 임대료를 부담할 수 있는 식당만 살아남는다. 식당만 그러한 게 아니다. 값싼 임대료를 내고 도심에서 살아가야 할 수많은 업종과 용도들이 재개발로 도태된다. 재개발은 창업과 예술과 문화가 꽃필 토양을 없애고, 산업생태계의 미세한 네트워크를 싹둑싹둑 잘라낸다.

청계천과 세운상가 주변, 아니 동대문과 그 너머까지 서울의 도심부는 거대한 산업생태계를 형성하고 있다. 전기, 전자, 악기, 금속, 종이, 의류, 의료기, 도시농업에 이르기까지 촘촘하고 정밀하게 얽힌 산업생태계가 서로 공존 동생하고 있다. 보기 흉하니, 도심에 어울리지 않으니 없애거나 옮기자는 시도가 늘 이어져왔지만 서울의 도심 산업생태계는 아직도 건재하다. 도시의 질긴 생명력을 보여주는 증거이기도 하다.

생물의 종이 다양해야 하는 것처럼 도시도 다종다양해야 건강하다. 큰 건물이 있으면 작은 건물도 있어야 하고, 새 건물이 있으면 오래된 건물도 있어야 한다. 비싼 건물이 있으면 아주 싼 건물도 있어야 함께 살아갈 수 있다. 그래야 청년들도, 젊은 예술가들도, 벤처 창업가도, 가난한 신혼부부도 함께 살 수 있다. 이런 젊은 피들이 우리 도시 곳곳에서 함께 살아야 도시가 젊음을 유지할 수 있다. 소호(SOHO: Small Office Home Office)가 어디에서 뿌리내리고 자라겠는가? 재개발이 완료된 곳이겠는가, 재개발이 안 된 곳이겠는가?

오래된 건물이나 공장이 밀집된 지역에서 창업이 이뤄지고, 예술과 문화가 싹터 도시의 활력을 키운 사례들은 국내외 할 것 없이 무수히 많다. 북경에 다산쯔大山子798 예술구가 있다면, 서울에는 문래동 예술촌이 있고, 인천에는 아트플랫폼이 있지 않은가. 한물간 공장 지대를 새로운 창업 단지로 변신시킨 가산디지털단지도 있고, 철거를 앞둔 건물을 예술가들의 창작 공간으로 부활시킨 수원화성의 행궁동 레지던시도 있다.

창의와 혁신은 새 건물, 큰 건물, 비싼 건물에서 뿌리내리고 자라지 않는다. 오히려 낡고 오래된 작은 건물에서 잘 자란다. 오래된 도시의 푸석푸석한 공간과 장소들이야말로 도시의 젊음을 키워내는 토양이자 인큐베이터다. 없애지 말라. 제발.

제인 제이콥스의 혜안

'오래된 건물이 도시를 젊게 한다'는 이 역설 같은 진리를 일찍이 설파한 사람이 제인 제이콥스(Jane Jacobs, 1916~2006)였다. 그녀의 책 『미국 대도시의 죽음과 삶』에는 도시의 다양성을 키우는 구체적인 방법들이 제시되어 있다. 제인은 네 가지 방법으로 작은 블록, 오래된 건물, 복합용도, 집중을 제시한다.

도시를 설계할 때 가구block를 작게 구획해야 한다는 말은, 슈퍼블록 위주로 도시설계를 해온 우리들에게 뼈아픈 교훈으로 들린다. 서울의 강남을 개발할 때 우리는 가구를 크디크게 자르고 넓은 길을 내는 이른바 슈퍼블록과 광로 위주의 도시설계를 추구했다. 슈퍼블록은 자동차에는 유리한 반면 보행자에게는 불리한 도시 구조다. 블록을 작게 또 잘게 나누면 다양한 경로 선택이 가능해진다. 외길로만 다니지 않고 다양한 경로를 선택하여 사람들이 걷는다면 여러 길과 가게들이 다 함께 살아날 수 있으니 도시의 활력을 키우고 다양성을 높이는 데 아주 효과적이다.

오래된 건물이 있어야 도시가 젊어지고 생동감이 넘치게 된다는 제인의 주장은 도심재개발과 교외 주거지 개발이 유행처럼 벌어지던 당시 서구 도시에 강렬한 경종을 울렸다. 용도 분리를 전제로 이뤄지던 도시계획과 조닝에 대해서도 제인은 역설적인 입장을 밝혔다. 주거 용도와 공업 용도가 함께 있으면 큰일 나는 것으로 생각하기 쉬운데, 제인은 오히려 집과 공장이 가까이 또는 어울려 있는 것이 더 좋다고 이야기한다. 공해를 유발하는 거대한 공장이나 중공업 기능을 주거와 섞자는 의미는 아니다. 주거환경에 위해를 끼치지 않는 수공업이나 경공업의 경우 얼마든지 주거와 공존할 수 있다는 이야기다.

상업도 마찬가지다. 교외 주거지에 살며 주말마다 자동차를 몰고 대형마

트에 가서 일주일 동안 먹을 음식을 한꺼번에 사와 냉장고에 쟁여두는 생활 방식이 건강한지 묻는다. 오히려 예전처럼 1층에는 가게가 있고, 위층에는 집이 있어서 설거지하던 엄마가 부엌 창밖을 내다보면 귀가하는 아이들을 볼 수 있고 부를 수 있는 그런 동네가 훨씬 더 정감 있고 안전하다고 말한다.

제인이 예로 든 다음의 이야기는 매우 흥미롭다. 크리스마스가 다가올 무렵 사람들이 두 개의 크리스마스 트리를 준비했다. 하나는 옛날 동네 길모퉁이에 두었고, 다른 하나는 재개발로 새로 지어진 아파트 단지의 보행전용도로에 설치했다. 그런데 며칠 후에 살펴보니 보행전용도로에 둔 크리스마스 트리에는 대부분의 장식품이 없어졌는데, 길모퉁이에 둔 트리에는 장식품이 그대로였단다. 어디가 더 안전한 곳인지를 묻고자 하는 이야기였을 것이다. 자동차로부터 사람을 보호하기 위해 만든 보행전용도로가 인적이 끊기면 더 위험한 곳이 될 수 있음을 지적한 혜안이 아닌가.

집중의 필요성도 역설로 들린다. 우리는 쾌적한 환경을 이야기할 때면 늘 저밀도를 먼저 떠올린다. 저 푸른 초원 위의 그림 같은 집을 먼저 생각하는 것이다. 그리고 사람들이 모여 복작이는 도심은 쾌적하지 않고 불편한 곳이라 여긴다. 그런데 제인은 다른 주장을 펼친다. 도시의 활력과 젊음을 유지하기 위해서는 어느 정도의 집중이 필요하다고 말한다. 역설로 진실을 말하는 제인의 이야기를 들어볼 일이다.

보전이 개발보다 더 경제적이다

유산 보전의 다섯 가지 경제적 효과

북촌의 유네스코 아시아태평양 문화유산보전상 수상 1주년을 기념하기 위해 2010년 서울역사박물관에서 '유네스코 아시아태평양 근현대 도시문화유산보전 국제포럼'이 열렸다. 여러 발제 중 도노반 립케마 대표의 발제가 특히 기억에 남는다. 도노반 립케마 대표는 『역사 보존의 경제학The Economics of Historic Preservation』을 출간한 저자로 역사 보존에 관한 경제학 분야의 선두 주자로 불린다. '문화유산을 보전하는 일이 매우 경제적인 활동'이라는 그의 주장은 신선한 충격이었다. 새로운 건물이나 공간을 만드는 일을 훨씬 더 경제적인 활동으로 다들 알고 있는데, 그렇지 않단다. 구체적 데이터가 뒷받침되어서인지 그의 말에 힘이 두둑이 실려 있다.

그에 따르면 문화유산을 보전하는 일은 다섯 가지 측면에서 매우 경제적인 활동이다. 첫째 일자리 창출과 가계소득 증가를 가져오고, 둘째 도심 재활성화에 기여하며, 셋째 관광 상품화에 따른 수익이 생기고, 넷째 지역 내 건물의 자산 가치가 상승하며, 다섯째 지역 내 소기업 육성 효과까지 뒤따른다. 이를테면 1석 5조의 효과가 있다는 얘기다. 오래된 것을 잘 지키고 가꾸는 일이 이만큼이나 경제적인 활동이란 뜻이다.

구체적 사례로 제시한 조지아주의 일자리 창출 효과를 보면 이를 알 수 있다. 자동차 제조업과 컴퓨터 제조업, 건물 신축 사업과 유산 보전 사업을 비교해본 결과 자동차 제조업에서 3.5개, 컴퓨터 제조업에서 4개, 건물 신축 사업에서는 14.9개의 일자리가 창출된 데 비해 유산 보전 사업에서는 18.1개의 일자리가 창출됐다고 한다. 가계소득 증가에 미치는 효과도 유사한 양상이다. 자동차 제조업을 통한 가계소득 증가액은 24만 5,000달러, 컴퓨터 제조업은 25만 5,000달러, 건물 신축 사업은 61만 6,000달러에 그쳤으나, 유산 보전 사업에 의한 가계소늑 승가액은 75만 달러에 달했다고 한다. 노르웨이에서도 비슷한 결과를 보였으며, 이 결과를 바탕으로 분석해보면 유산 보전 사업은 건물 신축 사업보다 16.5퍼센트나 더 많은 일자리를 만들어낸다고 한다. 이 역설적인 결과가 흥미롭지 않은가?

립케마 대표는 역사 보전의 두 번째 경제적 효과로 도심 활성화를 들었다. 미국의 내셔널트러스트는 옛 도시의 역사 보전과 경제 활성화를 위해 여러 도시에서 '메인 스트리트 프로그램'을 시행하고 있다. 여기에서도 역사 보전의 경제적 효과가 입증됐는데, 이 프로그램에 투자된 1달러가 다른 사업의 27달러와 맞먹는 값어치를 냈다고 한다. 이 밖에도 오래된 건물이나 장소를 잘 보전하면 관광 상품으로 발전하여 소위 유산관광heritage tourism에 따른 경제적 효과를 얻게 된다고 한다. 그는 연관 있는 영화, 공예, 공연예술 산업과의 동반 성장을 비롯해 나아가 세수 증가 효과까지 열거한다. 오래된 건물과 오래된 마을, 오래된 도시를 보전하는 일이 이토록 경제적인 활동이라는데 우리는 왜 모르고 있었을까.

포럼이 진행되는 내내 나는 북촌을 생각하고 있었다. 지난 10여 년간 북촌은 분명 의미 있는 성과를 거두었다. 재개발의 상황에서 사라질 위기에 처한 한옥들이 여전히 남아 있고, 재개발만이 유일한 해법이라 믿었던 주민과 시민들에게 재개발의 대안이 분명 존재함을 물증으로 보여주었다는 점은 분명한 성과이다. 그 성과를 세계가 함께 인정하였기에 2009년에 유네스코 아시아태평양 문화유산보전상도 받지 않았는가. 한옥은 지켰으나 그곳에 사는 사람들의 삶과 마을공동체를 지키지 못한 부분은 심각한 문제이자 큰 위기다. 한옥 가격이 폭등하고, 부자들이 북촌 한옥을 사서 별장처럼 쓰고 있는 오늘의 현실은 분명 마을의 위기이자 주민공동체의 위기임에 틀림없다. 유산을 보전하는 일, 오래된 도시와 마을을 잘 지키고 살리는 일이 참 어려움을 다시 느낀다.

북촌 가꾸기와 인사동 지키기

두 해의 기억

2000년과 2001년 두 해를 북촌과 인사동과 씨름하며 보냈다. 서울시정개발연구원에서 보낸 13년 가운데 가장 뜨겁고 힘겨운 시간이었다. 그렇게 두 해를 보내자 새해를 맞이할 때쯤에는 거의 탈진 상태에 빠졌다. 가진 에너지를 다 소진한 느낌이었다. 그렇게도 재미있게 또 신이 나서 해왔던 서울 연구가 벅차고 겁이 났다. 예전과는 확연히 다른 느낌이었다.

    1994년 연구원에 처음 들어왔을 때는 걷지 않고 날아다녔다고 할 정도로 연구하는 게 좋았고 즐거웠다. 일요일 저녁이 되면 다음 날 연구원으로 출근할 생각에 가슴이 뛰었다. 연구원 안팎에서 수많은 사람들과 만나고 현장을 돌아다니면서 그렇게 신나게 해왔던 서울 연구가 그 두 해가 끝날 무렵에는 왠지 힘이 들었다. 그해 6개월의 안식 휴가를 얻어 북경에 건너가 충전하지 않았다면 아마 쓰러져버렸을지도 모른다. 하나하나 만만치 않은 연구 과제 두 개가 동시에 진행돼 더욱 벅찼던 두 해의 기억, 북촌과 인사동에 얽힌 이야기다.

북촌 가꾸기

북촌과의 질긴 인연이 시작된 것은 1999년이었다. 당시 나는 서울시정개발연구원에서 '마을단위 도시계획 실현 기본방향(1) – 주민참여형 마을 만들기 사례연구'를 진행하고 있었다. 새 천 년을 앞두고 서울의 도시계획을 마을 만들기 위주로 바꾸어보자는 도시계획과장의 제안으로 전국의 마을 만들기 사례를 훑어보면서 서울 도시계획의 새로운 틀을 준비하던 때였다. 연구가 끝나갈 무렵, 두 번째 마을단위 도시계획 연구가 '북촌 사례연구' 쪽으로 갑자기 변경됐다. 당초에는 마을단위에서 시작하는 상향식 체계로 서울시 도시계획을 바꿔가는 내용이 중점이었으나, 1999년 후반기에 북촌 문제가 긴급 현안으로 대두되면서 연구 방향과 내용이 바뀌게 된 것이다. 그렇게 북촌 연구가 시작됐다.

1990년대는 북촌의 격동기였다. 1930~1940년대에 집단적으로 형성된 북촌은 1960년대 당시만 해도 서울에서 잘사는 사람들의 주거지였다. 라디오 드라마에서 가정부가 "네, 가회동입니다" 하면서 전화를 받을 때 그 말 속에는 "네, 우리 집 잘사는 집입니다"라는 뜻도 담겨 있을 만큼 북촌은 서울에서도 특별한 동네였다. 그러나 조용하고 정취 있는 한옥마을 북촌에 한바탕 변화의 바람이 들이닥쳤다. 강남으로 이전한 휘문고등학교 자리에 현대건설의 거대한 사옥이 신축되면서 북촌 한옥과 마을 보전의 필요성이 제기되었고, 1970년대 말부터 고도지구, 미관지구 지정과 같은 규제가 적용됐다.

살림집 한옥을 문화재처럼 다룬 경직된 한옥 보존 정책이 주민들의 반발을 불러왔고, 결국 1990년대 초반부터 규제가 풀리기 시작했다. 당초 1층밖에 지을 수 없던 높이 규제가 3층에서 다시 4층으로 완화되자 북촌 여기저기에서 한옥이 철거되고 다세대주택과 다가구주택이 들어섰다. 급기야 종로구청에서는 1997년 '종로 북촌마을 도시계획 타당성 및 정비계획'을 세워 북촌 전역을 고급 빌라촌으로 재개발하려는 계획안을 마련한 뒤 서울시에 승인을 요청해왔다. 다행히 서울시는 이를 허용하지 않고 막았다. 표결은 늘 아슬아슬했다. 불과 한두 표 차이로 북촌 재개발 계획안이 부결되고는 했으니까.

고건 시장과의 토요데이트 시간에 북촌 주민들이 북촌 가꾸기를 요청해온 것이 북촌 연구의 결정적 계기가 되었다. (사)종로북촌가꾸기회의 쪽에서 고건 시장을 만나 서울시가 북촌을 더 이상 방치하시 말고 새원도 두사하어 잘 가꾸어달라는 요구를 했고, 고건 시장도 북촌 가꾸기를 위한 구체적인 계획을 당장 만들겠다는 답변을 하여 북촌 연구가 시작됐다. 2000년 초부터 북촌을 부리나케 오고가면서 북촌 연구를 시작했다. 북촌 현장에서, 서울시청에서, 종로구청에서 또 남산의 연구원에서 회의와 워크숍이 그해 내내 이어졌다.

매일같이 북촌을 오고간 결과 2000년 8월 여름에는 주민 설명회를 열 수 있었다. 북촌 가꾸기에 대한 구체적인 방안을 설명하는 자리였다. 그러나 일부 주민들의 거센 항의로 주민 설명회는 끝내 열리지 못했다. 몇 개월 후 중앙고등학교 강당에서 한 번 더 주민 설명회를 열었지만 역시 주민들의 반대로 무산됐다. 격렬한 갈등 속에 북촌 가꾸기를 위한 준비 작업이 진행되고 있었다.

주민 설명회가 계속 무산되자 서울시는 새로운 북촌 가꾸기 정책의 내용을 모든 주민들에게 편지로 상세히 알렸다. 그리고 2001년 상반기에 한옥등록제 시행을 위한 조례 개정과 위원회 구성 등의 준비 작업을 마친 뒤 그해 7월부터 한옥 등록을 받기 시작했다. 한옥을 매입하여 북촌에 현장 사무소를 열었고, 서울시 담당 팀장을 비롯한 다섯 명의 공무원들이 현장에 상주하면서 한옥 등록과 개보수 지원 업무를 기민하게 처리했다. 주민들에게 멱살을 잡히고 욕까지 먹는 와중에도 꿋꿋이 제자리를 지킨 담당자들이 있었기에 북촌 가꾸기가 뿌리내릴 수 있었다.

북촌 가꾸기가 본격적으로 시작된 것이 2001년부터니 벌써 만 12년이 넘어간다. 북촌 정책 수립을 위한 연구를 완료한 뒤에도, 북촌 가꾸기 기본계획(2001), 북촌 가꾸기 중간평가 연구(2005), 북촌 장기발전구상(2006) 등 북촌 연구와 계획 수립이 지속됐고, 그때마다 북촌과의 질긴 인연 때문에 연구 책임을 맡았다. 2008년부터 약 3년간 북촌 지구단위계획을 세우는 일에 참여하기도 했다.

북촌 가꾸기는 긍정적 성과도 거두었고, 문제와 한계도 드러냈다. 오래된 동네를 전면 철거하고 새로이 아파트를 짓지 않고서도 주민의 의지와 행정의 적극적 지원에 기초하여 집과 마을을 건강하게 되살릴 수 있다는 희망을 보여주었다. 또한 이 같은 실험이 비단 북촌에 머물지 않고 서촌과 여타 한옥마을로 확산되면서 한옥의 새로운 발견과 부활을 촉진한 것은 분명한 결실이라 할 수 있다.

한편 아쉬움도 크다. 한옥의 소실消失을 막고, 한 채 한 채 잘 고쳐서 살기 좋은 주거 공간으로 되살리긴 했지만 북촌의 주민공동체를 온전히 지키지는 못했다. 오히려 북촌을 사랑하고 한옥이 좋아 그곳에 살던 많은 분들이 폭등하는 한옥 가격을 감당하지 못해 밀려나기도 했다. 한옥을 매입한 뒤 가끔씩 와서 놀고 쉬다 가는 사람들이 늘어 밤이면 불이 꺼진 유령 마을이 되고, 사람 사는 동네인지 관광지인지 모를 만큼 관광객들이 밀어닥쳐 편안한 주거환경을 침해받기도 한다. 서울시의 재정 지원 혜택이 북촌에 사는 '주민住民'이 아닌, 북촌에 한옥을 소유한 '주인主人'에게 고스란히 넘어가게 된 것도 북촌 정책의 분명한 한계이다. 북촌 가꾸기 12년을 어떻게 보아야 할까? 희망을 주는 빛도 있고 아쉬움과 안타까움을 드리우는 그림자도 있다. 세상일 모두 그러하듯 말이다.

인사동 지키기

대한민국을 대표하는 전통문화의 거리, 인사동의 역사는 길다. 일제강점기 때부터 인사동에는 골동품 상가가 밀집했고, 일제의 패망으로 일본인들이 한국을 떠나면서 내놓은 골동품과 고서화들을 다시 미군과 부유층이 사들이면서 인사동 상권은 오래 지속됐다. 1970년대에는 골동품 가게들이, 1980년대 후반부에는 상당수의 화랑이 청담동 등지로 떠나면서 침체된 상권을 되살리려는 다양한 시도가 이어졌다. '인사동 차 없는 거리'도 그중 하나였다.

1997년 4월부터 시작되어 매주 일요일에 운영된 인사동 차 없는 거리 행사는 인사동 상인들과 서울시의 요구가 맞아 떨어진 이벤트였다. 상인들은 인사동에 활력을 제공할 이벤트가 필요했고, 초대 민선 시장이었던 조순 시장 취임 이후 서울시는 보행자의 권리를 상징적으로 보여주는 최초의 보행전용도로, 즉 차 없는 거리를 만들고자 했다. 그러나 좋은 의도로 시작된 차 없는 거리 행사는 인사동에 예상하지 못했던 심각한 변화와 영향을 몰고 왔다.

차 없는 거리 시행 이후 방문객의 연령층이 낮아졌으나 이러한 변화는 상인들이 의도했던 인사동의 전통 상권 활성화에는 별반 효과를 내지 못했다. 오히려 일반 소비 업종과 노점이 늘어나 임대료가 상승하고 개발 압력도 높아졌다. 인사동 지역의 개발 압력은 1999년 10월 영빈가든 부지 매각과 대규모 개발 시도로 더욱 첨예하게 드러났다. 영빈가든은 인사동 한가운데 위치한 식당으로 안에 너른 마당이 있고 인사동길 쪽으로는 동서표구, 아원공방, 사보당, 보원요 등 열두 개의 작은 가게가 위치하여 인사동의 상징처럼 여겨지던 곳이었다.

영빈가든 부지 개발을 막고 작은 가게들을 지키려는 운동이 시민 단체 '도시연대(걷고 싶은 도시 만들기 시민연대)'와 상인들을 중심으로 시작됐다. 그 후 '열두 가게 살리기 운동'은 인사동을 아끼는 시민들의 호응을 폭넓게 얻으며 확산됐고, 서울시가 1999년 12월에 2년간의 '건축허가제한'을 공고하자 이러한 움직임은 절정에 이르게 된다. 인사동을 대표적인 전통문화의 거리로 만들겠다는 서울시의 계획에 따라 서울시정개발연구원이 이 일을 맡았다.

북촌 정책 연구의 책임을 맡은 상황에서 다시 인사동 도시설계, 요즘 말로는 인사동 지구단위계획을 세우는 일도 관장하게 됐다. 양손에 뜨거운 감자를 들고 뛰는 심정이었다. 혼자서 이 막중한 일들을 도저히 감당할 수 없을 것 같아 도시한옥과 서울 도시 역사를 꼼꼼하게 연구해온 송인호, 이상구 교수 두 분을 공동연구 책임자로 모셨다. 도시연대 최정한 사무총장과 서울시 윤혁경 팀장도 내내 함께 해주었다. 그렇게 다섯 명이 사실상 공동연구 책임자가 되어 북촌 가꾸기와 인사동 지키기 프로젝트를 함께 이끌어왔다. 팀은 거의 한 몸이 되어 움직였다. 끈끈한 팀워크로 여러 어려움과 고비들을 넘기면서 두 일을 마무리할 수 있었다.

인사동 도시설계를 세우는 20개월 동안 벌어진 숱한 일들이 파노라마처럼 생생히 지나간다. 그중 인사동 상인들과 만나 이야기를 나누고 합의를 이끌어내는 일이 가장 힘들었다. 나를 질책하는 분들은 수도 없이 많았다. 연구원에 찾아와 재산 손실이 너무 커서 자살하겠다는 분도 있었고, 밤길 조심하라며 협박하는 분들도 있었다.

인사동 상인들의 모임인 인사전통문화보존회 임명석 회장의 도움이 있었기에 여러 난관을 극복할 수 있었다. 생각해보라. 서울 한복판의 상업지역 땅에 건물을 4층 높이 밖에 지을 수 없게 하는 규제를 누가 받아들이겠는가. 지역에 따라서는 3층, 2층까지 또 한옥이 밀집해 있는 곳은 1층밖에 못 짓도록 규제를 안하는데 누가 선뜻 동의하겠는가.

인사동 상인들의 공감과 동의를 얻기 위해 임명석 회장과 자주 만나 많은 대화를 나누었다. 오랜 도시 역사를 거치면서 지켜온 골목길과 작은 가게들 그리고 그 안에 담겨 있는 인사동만의 정취를 유지하기 위해서는 대규모 개발을 막는 조치가 필요하다고 말씀드렸다. 건물 높이 규제는 물론 여러 개의 필지를 묶어 대형 건물을 짓는 합필개발에 대한 규제도 필요하다는 것을 설명하며 동의를 구했다. 그 대신 1층을 더 많이 지을 수 있도록 건폐율 조정과 건축선 후퇴 의무 배제 그리고 부설 주차장 설치 의무까지 완화해드리겠다고 설득했다. 4미터 미만 도로변에 건물을 지을 때 도로 중심선에서 무조건 2미터씩 물러나 건축해야 하는 건축선 후퇴 의무를 완화하기 위해 건축법도 바꾸었다. 공동연구 책임자처럼 함께해온 담당 공무원이 발로 뛰어 얻어낸 성과였다.

공공투자를 통해 인사동의 침체된 상권을 회복하고 인사동 상인들과 방문객들의 편의를 높이겠다는 약속도 상인들과의 합의에 중요한 기여를 했다. 동인사마당과 서인사마당 조성, 태화관길의 보행환경 개선과 민영환 광장 조성, 한옥 개보수 지원 등 상인들과 함께 의논하여 만든 여러 가지 공공 부문 계획들이 인사동 지구단위계획에 포함되었다. 그러나 서인사마당 조성을 제외하고는 아직껏 실현되지 않은 계획들이 많다.

도로를 넓히기 위한 목적으로 인사동 지역에 그어져 있던 도시계획도로선을 모두 해제했던 것도 기억에 남는다. 과거에는 도로를 넓히는 것을 도시계획으로 생각해 여러 곳에 도시계획도로를 지정했다. 현재의 길은 12미터 남짓한 폭인데, 도시계획으로 지정된 도시계획도로가 20미터라면 언젠가는 길가 건물들을 철거한 뒤 넓은 도로를 개설하겠다는 뜻이 된다. 인사동도 예외는 아니어서 인사동길과 태화관길을 따라서도 도시계획도로가 지정되어 있었다.

아니나 다를까 인사동 도시설계가 시작된 지 얼마 지나지 않아 서울시로부터 공문이 왔다. 태화관길 초입에 있는 농협 건물이 오래되어 철거하고 다시 지으려 한다는 것이었다. 해당 지역이 도시계획도로로 지정되어 근대 건축물인 농협의 철거가 불가피한데 괜찮은지 의견을 구하는 내용이었다. 어찌 괜찮을 수 있겠는가. 인사동 도시설계의 이유가 오래된 것들을 가급적 잘 보전하고 살리는 것 아니었던가.

문의가 들어온 농협은 1926년에 지어진 귀한 근대 건축물이었다. 농협과 수차례의 협의 끝에 건물을 철거하지 않고 개보수하되, 뒤쪽에 새 건물을 짓는 방향으로 마무리됐다. 잘된 일이었다. 그런데 문제는 지구단위계획안을 최종 확정하는 단계에서 벌어졌다. 도로 담당 부서에서 도시계획도로 해제를 극구 반대했기 때문이다. 그러나 도시계획위원회의 노력으로 마침내 도시계획도로 해제 결정을 얻어냈고, 오래된 근대 건축물도 지킬 수 있었다.

나에게 북촌이란, 인사동이란

북촌에 오갈 때마다 마음이 참 복잡해진다. 몽땅 사라졌을지 모를 서울의 한옥마을을 지켜냈다는 자부심이 들다가도 소탈하고 순박하던 주민공동체를 지켜내지 못했다는 자괴감이 들기도 한다. 북촌에게 미안한 마음이 밀려오다가 그래도 이렇게나마 살아 있어줘 고맙다는 생각이 들기도 한다. 북촌은 내게 빛과 그림자 같은 존재고, 이름만 들어도 가슴이 애잔하게 뛰는 평생 잊지 못할 첫사랑 여인과 같다.

인사동도 그렇다. 난개발로부터 인사동을 그나마 지켜냈다는 자부심을 갖기도 하지만 국적 불명의 조악한 상품들이 쌓인 거리를 보거나, 인사동에 오랫동안 자리했던 가게들이 하나둘 자리를 뜨고 그 자리가 임대 수익이 높은 업종들로 바뀌어 가는 것을 그저 바라볼 수밖에 없을 때는 안타까움이 밀려온다. 영빈가든 부지에 들어선 쌈지길을 볼 때면 특히 만감이 교차한다. 열두 가게를 지켰고 마당을 남겼으니 되었다 싶다가도, 쌈지 사장과 여러 번 만나 합의하고 만들었던 도시설계 지침이 약속대로 지켜지지 않아 화가 불끈 솟기도 한다.

북촌과 인사동을 가꾸고 지키기 위한 계획을 세웠던 책임자로서 나에게 그곳은 무심히 지나칠 수는 없는 장소이기도 하다. 도시설계와 도시계획의 한계도 깨닫는다. 두 곳 모두 도시의 역사가 송두리째 사라질 위기의 상황에서 공공의 개입이 시작됐다. 말하자면 위기 상황에서 응급조치가 시행된 것이다. 한옥등록제를 통한 개보수 지원, 골목길 개선, 한옥 매입 및 활용 등의 조치로 북촌의 한옥들이 살아남았다. 인사동도 마찬가지다. 열두 가게가 고스란히 사라질 위기에서 서울시는 '건축허가제한'이라는 강력한 대응책을 꺼냈고, 인사동 지구단위계획을 세워 무분별한 개발을 제어하고 공공투자와 도시계획 변경 등의 조치를 시행했다.

응급조치로 살아남은 북촌과 인사동이 지금 건강하게 잘 자라고 있는지 생각해보면 긍정적인 대답이 선뜻 나오질 않는다. 두 곳 모두 여전히 아파하고 있고, 길을 잃고 휘청거리고 있다. 어디까지가 공공의 몫이고 역할일까? 스스로에게 끊임없이 묻는 질문이다. 위기의 순간을 넘기는 데까지가 공공의 역할일까 아니면 그 이후에도 계속되어야 할까?

이는 결국 사람의 문제로 돌아온다. 북촌을 가꾸고 지키는 주체는 북촌 주민이고, 인사동을 지키고 가꾸는 주체 역시 인사동 상인들과 주민이다. 주민이 주인 역할을 다하지 못할 때, 어떤 공공의 개입도 충분할 수 없다. 북촌과 인사동을 보고 겪으면서 배운 교훈이 바로 그것이다. 북촌 주민들이, 인사동 상인들이 주인이 되어 북촌과 인사동을 실질적으로 지키고 가꾸는 날을 다시 꿈꾼다. 간절히 기다린다.

복원을 개발처럼?

복원이 능사가 아니다

오래된 건물이나 장소를 잘 지키고 관리하는 일을 '보전'이라 한다. 문화재처럼 아주 귀한 유산이 변형되지 않게 원래 있던 그대로의 모습을 유지하는 것을 '보존'이라 하고, 그것이 훼손되지 않도록 지키고 막는 것이 '보호'이다. 보존이 본모습을 유지하는 것을 지칭한다면, 보전은 낡은 곳을 고치거나 일부를 바꾸어 잘 쓰는 것까지를 포괄한다. 그러니까 '문화재 보존'이나 '문화재 보호'가 맞는 표현이고, 북촌 한옥처럼 오래된 집을 현대에 맞게 개보수하여 쓰는 경우에는 '한옥 보존'보다는 '한옥 보전'이 적절한 표현이다.

오래된 것들을 지키기 위해 '복원'이란 방법을 쓰기도 한다. 존재하지 않는 것을 옛 모습 그대로 되살린다는 뜻인데, 이미 사라져버린 것을 복원한다는 것은 사실상 불가능한 일이다. 복원해서 되살린 것은 원래의 것, 말하자면 진품과는 다른 모조품일 테니 진정성이 없고, 마치 진짜인 것처럼 사람들을 현혹할 수도 있다. 그래서 복원은 아주 신중하게 해야 한다. 그런데도 복원이 능사이고 곧 보전인 양 착각하고 밀어붙이는 경우가 많다. 심지어 복원을 개발하듯 하는 경우도 많다. 2012년, 수원화성 한복판에서 벌어진 일도 그중 하나다.

우화관 복원과 신풍초등학교 이전

화성행궁 바로 북쪽에 신풍초등학교가 있다. 1896년에 세워진 이 학교는 우리나라 초등학교 가운데 세 번째로 세워졌으니 역사가 아주 길다. 당초엔 수원향교 부근에 자리했다가 1922년에 지금 위치로 옮겨졌는데, 처음엔 행궁의 객사였던 우화관을 개조하여 교사로 쓰다가 1933년에 우화관을 철거하고 벽돌조 건물로 신축했다. 그 뒤 이 건물은 한국전쟁을 겪으며 파괴됐으나 1986년에 새로 지어져 현재에 이르고 있다.

수원시는 화성복원사업의 일환으로 신풍초등학교 자리에 우화관 복원을 추진했다. 새로 건설되는 광교 신도시로 신풍초등학교를 이전하고, 재학생들은 화성 내에 위치한 남창초등학교와 연무초등학교 그리고 화성 밖의 화홍초등학교에 분산하여 수용할 계획이었다. 이 같은 계획이 알려지자 신풍초등학교 학부모들은 항의의 뜻을 전달하기 위해 시장과 면담도 하고 국민권익위원회에 호소도 했다. 2012년 8월 16일, 신풍초등학교 2층 도서관에서 '우화관 복원에 따른 신풍초등학교 이전 문제'를 논의하는 토론회가 열렸다. 신풍초등학교 이전을 반대하는 학부모들이 토론회를 준비했고, 많은 사람들이 참석했다.

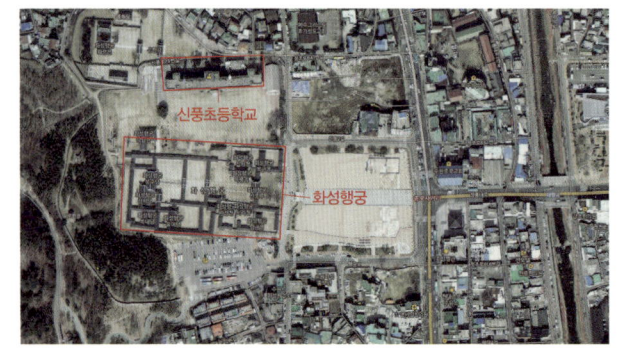

복원된 화성행궁 건물 위쪽에 신풍초등학교가 위치하고 있다. 원래 이곳에는 행궁의 객사였던 우화관이 있었으나, 학교가 세워지면서 우화관 건물은 헐렸다.

학부모 대표가 먼저 학교 이전에 대한 입장을 발표했다. 과거에 비해 학생 수가 많이 줄었지만 100여 명의 학생들이 다니고 있는 유서 깊은 학교를 광교 신도시로 옮기고 학생들을 인근 학교로 분산 배치하거나 분교화하는 시의 계획에 반대한다는 입장이었다. 학교가 사라지면 마을공동체가 유지될 수 없을 것이며, 마을의 어르신들과 동문들이 116년의 역사를 가진 신풍초등학교가 지금 이 자리에 계속 남아 있기를 간절히 바란다는 의견이었다.

수원시에서는 화성복원사업을 이미 오래전부터 추진해왔고, 아직까지 복원하지 못한 우화관과 몇 개 시설을 복원하기 위해서는 신풍초등학교 이전이 불가피하다는 입장을 피력했다. 이전에 따른 학생들과 학부모의 피해를 줄이기 위해 분산 수용하게 될 학교에 예산을 지원하겠다는 뜻도 밝혔다.

수원 KYC 대표는 복원을 명분으로 주민의 삶을 박탈하는 것은 옳지 않다며, 무조건적인 복원은 납득할 수 없다는 견해를 밝혔고, 수원시 계획대로 신풍초등학교가 광교 신도시로 옮겨가면 신풍초등학교의 역사와 장소성이 이어지지 못할 것이라 지적했다. 우리나라 최초의 초등학교인 서울 교동초등학교가 폐교 위기에서 명품 학교로 되살아난 사례를 소개하면서 신풍초등학교도 이전할 게 아니라 되살리고 활성화하는 노력이 필요하다는 의견도 덧붙였다.

결국은 행궁의 일부 시설이었던 우화관을 복원하는 가치와 116년의 역사를 이어온 신풍초등학교를 존치하는 가치 간의 문제였다. 나는 우화관 복원보다는 학교와 마을공동체를 유지하는 것이 훨씬 더 중요한 가치라는 소견을 밝혔다. 복원이 능사는 아니고, 특히 복원을 명분으로 소중한 삶의 흔적과 역사를 지우는 일은 바람직하지 않다는 의견도 전달했다. 토론회에 참석하기 전에 페이스북을 통해 들었던 여러 의견들도 공유했다.

토론과 질의응답이 이어지고 방청객들도 여러 의견을 개진했다. 그렇지 않아도 신풍동에 살던 젊은이들이 다 떠나고 무속인들이 늘고 있는 상황에서 학교마저 사라진다면 마을은 황폐화될 것이라는 우려도 나왔다. 신풍초등학교의 교가 맨 첫머리가 '팔달산 기슭에서'로 시작하는데 광교로 이전하면 교가마저 바뀌지 않겠느냐며 묻는 주민도 있었다. 동문회에서 이전을 찬성하는 것처럼 얘기하는데 그렇지 않다며 경위를 설명하고 동문들의 반대 의견을 전달하는 분도 있었다. 누군가는 마을에 정취가 묻어나야지 새 건물을 짓는다고 정취가 생기는 게 아니라며 제발 아이들과 주민을 위한 행정을 펴라고 교육청과 시청을 따끔히 나무라기도 했다.

그날 토론회에 참석해서 여러 의견들을 들으니 상황을 어느 정도 파악할 수 있었다. 수원시와 교육청에서는 당초 광교로의 이전 계획을 추진했는데, 학부모들의 반대에 부딪히자 재학 중인 학생들이 졸업할 때까지 분교로 유지하겠다는 새로운 대안을 제시했다고 한다. 이 안에 대해 학부모들은 미봉책이라며 수용하지 않았는데, 근본적 대안은 아닌 것 같았다. 몇 년 간 분교로 남아 있다가 결국 학교가 사라지는 것은 마찬가지일 테니 말이다.

200년 역사 복원과 100년 역사 지우기

보전과 개발의 갈등은 늘 있어 왔다. 보전 안에서도 갈등은 일어나는데 앞서 소개한 신풍초등학교가 대표적인 예다. 우화관을 복원하려는 것도 오랜 학교를 지키려는 것도 모두 다 화성을 잘 보전하기 위해 하는 일임에 틀림없다. 이처럼 서로 다른 가치가 부딪칠 때는 열린 대화와 합의의 과정을 통해 가치 간의 경중과 우선순위를 신중히 따져봐야 한다.

마을 만들기의 모범도시를 꿈꾸고 있고, 세계문화유산 수원화성을 보유한 역사도시 수원이 '역사 보전과 마을공동체'를 둘러싼 이 갈등을 지혜롭게 풀어가기를 기대하며 집으로 돌아왔다. 며칠 후, 아침부터 다급한 전화를 받았다. 신풍초등학교 학부모 한 분께서 오늘이 2차 행정예고 마지막 날인데 어떡하면 좋겠냐며 발을 동동 구른다. 광교에 신설되는 학교 명칭도 곧 결정될 예정이라는데, 새 학교 이름이 신풍초등학교로 결정되면 우리 학교는 이제 영영 사라지는 게 아니냐며 애타하신다. 교육청에서는 재학생들이 졸업할 때까지는 학교를 분교 형태로 유지하고, 매년 1억 이상 투자해서 교육 여건을 개선해주겠다는 새로운 제안을 했다고 한다.

유서 깊은 수원화성 안에서 116년의 역사를 이어온 신풍초등학교. 옛 도심들이 대부분 그러하듯 사람들이 빠져나가 학생 수는 많이 줄었지만 그래도 100여 명의 학생들이 다니고 있는 학교를 이전하는 것이 옳은 일일까? 광교에 이름을 주고 이 자리에 있던 학교는 사실상 폐교하는 것과 다를 바 없으니 이전보다 폐교란 말이 맞을지도 모른다. 116년 역사의 신풍초등학교를 폐교하는 것이 과연 옳은 일인가. 행궁의 완연한 모습을 복원하기 위해 우화관 자리의 신풍초등학교를 철거하고 우화관을 다시 짓는다는 것에 공감하기 어렵다. 200여 년의 역사를 가진 우화관을 복원하기 위해 100년이 넘는 역사를 지닌 학교를 없앤다는 것은 역사 복원을 명분으로 한 또 다른 역사 지우기라는 비난을 면하기 어려울 것이다.

정조 임금께서 수원화성을 지은 이유는 그 안에 살아가는 백성들의 삶을 보살피기 위해서 였을 것이다. 백성들 가운데에서도 가장 먼저 보살펴야 할 이들이 어린이다. 그 아이들이 지금 이곳에서 즐겁게 뛰놀고 더 재미있게 공부할 수 있도록 돌보는 것이야말로 수원시가 지금 열정적으로 추진하고 있는 마을 르네상스 아닌가.

지혜를 모으고 마음을 모아야

지혜가 필요하다. 힘으로 밀어붙이거나, 돈으로 해결하려 해서는 안 된다. 역사도시이자 마을 만들기의 모범도시를 꿈꾸고 있는 수원이라면 좀 더 지혜를 모으고 주민의 마음을 얻어 문제를 해결해야 할 것이다.

수원시장과 부시장에게 페이스북을 통해 글을 전하고, 부시장에게는 전화도 드렸다. 학교를 유지하면서 우화관도 복원할 수 있는 방안을 좀 더 찾아보시길 간곡히 부탁했다. 학교의 위치를 조금 옮기거나, 규모를 축소하는 방법도 있을 것이고, 복원된 우화관 건물을 학생들의 교육 공간으로 쓰는 방법도 있을 것이라는 의견도 드렸다. 건물보다도 삶을, 관광보다도 주민의 일상을 존중하고 배려하는 현명한 선택을 해주실 것을 부탁드렸다. 그러나 기대는 무산됐다. 2012년 8월 27일 수원교육지원청은 '신풍초교 이전과 분교장 운영 계획'을 확정해 공고했다. 공고된 내용은 다음과 같았다.

> 신풍초등학교는 내년 광교 신도시 내 신설 학교인 가칭 '이의3초등학교'로 자리를 옮기며, 교명은 '신풍초등학교'를 그대로 사용한다. 현 교정은 재학생 181명이 모두 졸업하는 2018년 2월까지 분교장 형태로 계속 운영된다. 분교장에서는 신입생을 선발하지 않는다.

삶도 역사다

오래된 건물이나 장소만이 역사가 아니다. 그 안에 담겨 면면히 이어져 내려온 백성들의 삶도 소중한 역사다. 문화재만 지켜야 할 유산이 아니고, 백성들의 삶터 또한 소중하게 보살펴야 한다. 『성종실록』 성종 10년(1479) 1월 17일자 기록에 이런 대목이 나온다.

> 숭례문을 가까운 시일 내에 중수重修하려는데 아울러 옹성甕城도 쌓는 것이 좋겠습니다. 동부승지 채수가 아뢰는 말에 좌승지와 우부승지가 옹성을 쌓을지 말지 옥신각신하는데 임금께서 이렇게 말씀하셨다. 만약 옹성을 쌓으면 마땅히 민가를 헐어야 하니 빈궁한 자가 어떻게 견디겠는가? 도적이 이 문에 이른다면 이 나라가 나라의 구실을 못할 것이니 옹성을 쌓은들 무슨 이익이 있겠는가? 그러니 쌓지 말게 하라.

한양도성 바깥을 따라 또 궁성의 담장을 면해서도 민가가 자리 잡고 있어, 조정에서 민가의 철거 여부를 놓고 논쟁이 많았던 것으로 전해지고 있다. 그리고 그때마다 백성들의 삶에 대한 배려는 빠지지 않았다.

오랜 역사를 지닌 마을이나 도시를 보전할 때 늘 함께 생각해야 할 것이 백성들의 삶과 삶터다. 한양도성에 바짝 붙어 있던 성북구 장수마을의 몇몇 민가들이 얼마 전에 철거됐고, 그 자리에 탐방로와 너른 공원이 조성됐다. 한양도성의 제 모습을 드러내고, 도성을 따라 걷기 위한 탐방로를 조성하기 위해서 불가피한 면도 있었겠지만 사람들이 살아오던 집과 마을을 대단위로 철거하는 일은 조심스럽게 접근해야 한다. 한양도성도 그렇고 수원화성도 마찬가지다. 성곽과 행궁만이 지켜야 할 유산은 아니다. 그 안에 또 그 곁에서 함께 살아온 백성들의 삶도 함께 보호해야 한다. 그것이 진정한 역사 보전이다.

동대문 잔혹사

동대문의 능구렁이

동대문에 이상한 놈이 나타났다. 그 모습이 꼭 커다란 능구렁이가 똬리를 틀고 있는 것 같다. '동대문디자인플라자 앤 파크(DDP: Dongdaemun Design Plaza & Park)'라는 아주 기다란 이름을 가진 녀석이다. 줄여서 DDP라 부른다. 한 방송에서 '디자인 서울의 그늘'이란 제목으로 오세훈 시장이 추진한 디자인 서울 프로젝트의 실상을 고발했다. 이 프로그램은 동대문운동장을 철거하고 짓고 있는 DDP가 어떻게 시작되어 진행되고 있는지 아주 자세히 보여줬다. 현상설계와 심사 과정, 당선자를 선정한 뒤의 설계 변경과 설계비 증액 그리고 그 건물을 어떻게 써야 할지 몰라 황당해 하는 속사정까지 파헤친 보도였다.

서울을 연구하면서, 서울시의 일을 하면서, 서울시의 일을 가까이 지켜보면서 지난 20여 년을 보냈다. 지금까지 겪어온 수많은 일들 가운데 가장 가슴

아픈 일이 하나 있는데 그것이 바로 이놈, 동대문의 능구렁이 DDP 이야기다.

동대문운동장 밑에 오랜 세월 묻혀 있다 고스란히 제 모습을 드러낸 한양도성의 성곽 유물들을 직접 보았다. 거대한 이간수문二間水門을 보면서 감탄했고, 딱 하나 남아 있을지 모르는 치성雉城의 흔적을 보면서 또 한 번 감탄했다. 성곽 안쪽을 가득 채운 하도감下都監 터 유적들에는 기와를 깔아 포장한 길의 흔적도 있었고, 화약을 만들던 자리와 우물 터, 불이 나면 끄기 위해 일부러 만든 커다란 연못도 있었다.

로마나 폼페이에만 지하 유적이 있는 줄 알았는데 동대문운동장 아래에 조선시대의 엄청난 유적들이 고스란히 남아 있을 줄이야. 동대문운동장 발굴 현장은 우리 조상들이 성을 쌓고 물길을 내고 방어 기지를 만들던 빼어난 솜씨를 보여주는 물증들로 가득했다. 게다가 짝퉁이나 복원해 새로 만든 게 아니라 원래부터 그 자리에 그대로 있던 진품들이었다. 그런데 그것들을 대부분 지우고, 복원이라는 말이 무색해 재건축이라 부를 만한 솜씨로 이간수문과 성곽을 정비한 뒤 그 위에 DDP를 지었다.

서울의 디자인 산업을 발전시키기 위해 짓는다는 DDP. 국제 현상설계를 통해 이라크 출신 영국 건축가인 자하 하디드가 설계자로 선정되었다. 우리 조상들의 탁월한 솜씨를 드러내는 유물들은 대부분 쓸어내고, 남의 디자인 솜씨를 빌어 서울의 디자인을 발전시키겠다는 이야기가 참 궁색하다. 그야말로 '동대문 잔혹사'다.

이간수문 발굴 현장

2008년 겨울, 서울시립대와 경원대, 경기대의 서울성곽 연구팀들이 함께 동대문을 찾았다. 당시 서울시로부터 서울성곽 중장비 정비계획을 세우는 일을 맡아 성곽 연구에 참여하던 중이었는데, DDP 건설 현장에서 서울성곽의 발굴 모습을 함께 보기 위해서였다. 1호선 동대문역에서 내려 지상으로 올라가니 흥인지문이 새로운 모습으로 반겨준다. 이제 횡단보도만 건너면 흥인지문에 가까이 다가갈 수 있고, 성문 밖 옹성 주변 공간도 차도에서 보행광장으로 바뀌었다. 새로 조성된 광장에서 바라보니 흥인지문과 종로 건너편의 낙산으로 올라가는 성곽이 한 몸으로 이어진 듯 보인다. 한양도성은 서울이란 도시가 어떻게 만들어졌는지, 서울의 터가 얼마나 아름다운 자연 지형으로 형성됐는지를 한눈에 보여준다. 서울의 멋을 가장 극적으로 보여주는 선물과도 같다.

동대문운동장 발굴 현장에서 가장 먼저 눈에 띄는 것이 이간수문이었다. 한양도성과 물길이 만나는 곳 중 대표적인 곳이 동대문을 지나 청계천과 도성이 만나는 오간수문이고, 오간수문에서 남쪽으로 더 내려오면 한 줄기 물길이 도성을 지나 성 밖에서 청계천과 만나는데, 이곳이 바로 이간수문이다. 성곽 아래로 물이 흐르도록 만든 수문이 두 칸이어서 이간수문이라 불린다. 수원화성의 수문인 화홍문華虹門은 수문이 무지개처럼 일곱 칸이어서 이렇게 예쁜 이름으로 불리고 있는데 쉽게 말하자면 칠간수문인 셈이다.

동대문운동장 자리는 원래 비스듬히 기운 경사지였다. 동대문과 오간수문 자리가 가장 낮았고, 거기서 남쪽으로 갈수록 점점 경사지게 광희문에 이르러 다시 장충동을 거쳐 남산까지 올라간다. 동대문운동장을 건설하면서

① 웅장한 규모의 이간수문 유적. 동대문운동장을 건설할 때 운동장 바닥보다 높은 홍예 윗부분만 잘라내고 그대로 흙을 메워 그 모습을 유지할 수 있었다.

② 이간수문은 성곽 밑을 관통하여 물이 흘러나가도록 만든 수문으로 수문이 두 개여서 이간수문이라 부른다. 사람 키보다 훨씬 높은 두 개의 수문이 아치 형태를 띠고 있다.

높은 곳의 지형을 잘라 낮은 곳을 메워 평평한 운동장으로 다진 모양이다. 발굴 모습을 보니 이간수문의 홍예(아치) 윗부분만을 잘라내고 그대로 흙으로 메워버렸는지 땅속에 묻혀 있던 이간수문이 제 모습을 거의 다 드러내고 있었다.

처음 목격한 이간수문의 위용은 참 대단했다. 우람한 돌들을 쌓아 두 개의 아치형 수문을 무지개다리처럼 만들었다. 운동장 지면보다 높은 곳에 위치한 이간수문은 윗부분만 사라졌을 뿐이지 나머지 몸체는 온전히 남아 있었다. 심지어 수문에 걸어둔 나무 울타리까지 그대로였다. 서울성곽의 속살을 고스란히 보여주는 이간수문을 목격하니 뭐라 말할 수 없는 감격에 눈물이 핑 돌았다.

성곽과 이간수문이 땅에 묻혀 잠든 뒤에도 동대문은 많은 변화를 겪었다.

이간수문 바로 뒤로 동대문의 상징이 된 두타와 밀리오레 건물이 보인다. 이간수문을 넘어오니 함께 땅속에 묻혀 있다 세상에 모습을 드러낸 한양도성의 한 구간이 장관처럼 눈앞에 펼쳐진다. 총길이 18.6킬로미터인 한양도성 가운데 멸실 구간 6킬로미터를 제외한 12킬로미터 정도가 복원된 상태인데, 멸실 구간으로만 알았던 동대문운동장 땅 밑에 성곽이 그대로 남아 있었다. 한양도성에 대한 역사와 기록이 바뀌어야 할 때가 왔음을 직감했다.

옛 지도를 보면 동대문과 광희문 구간에만 치성이 있었던 것으로 보인다. 치성이란 성을 쌓을 때 감시와 방어상의 이유로 성의 바깥으로 튀어나오게 쌓은 곳을 일컫는 말이다. 모양이 꿩의 꼬리를 닮아서 또는 꿩이 제 몸을 숨기고 잘 엿본다고 해서 꿩 '치雉' 자를 쓰는데, 치성을 짧게 줄여 치라고도 부른다. 한양도성 가운데 유독 동대문 쪽의 지세가 낮고 약해 동대문의 이름을 새긴 현판에도 다른 문들과 달리 한 글자를 더해 '흥인지문興仁之門'이라 이름을 지었고, 네댓 군데 치성을 쌓아 방위를 튼튼히 하고자 했다. 흔하지 않은 치성의 흔적이 드러난 것도 큰 성과요 놀라운 일이었다. 동대문운동장 발굴 현장은 저 멀리 낮은 쪽에 이간수문이 있고, 이간수문에서 남쪽 광희문 방향으로 죽 이어져 내려온 성곽이 중간에 밖으로 툭 튀어나오게 치성을 쌓은 모습을 그대로 보여준다.

발굴 현장에서 이간수문과 서울성곽만 드러난 게 아니다. 국립의료원 자리에 있었던 훈련도감의 부속 기관인 하도감 터도 발굴됐고, 옛 시설물들도 오롯이 드러났다. 우물도 보였다. 하도감 터에서는 기와를 써서 길을 포장하고 정원을 꾸몄던 현장도 발굴됐다. 불을 때던 아궁이 자리와 우물도 보이니 옛집의 자취가 곳곳에 남아 있었다.

① 동대문운동장 발굴 현장에서는 이간수문뿐 아니라 수문에서 이어지는 성곽과 치성의 흔적들이 모습을 드러냈다. 성곽 위쪽에서는 훈련도감의 부속 기관이던 하도감 터의 유적들도 나타났다. ⓒ서울시

② 이간수문에서 광희문 쪽으로 이어지는 한양도성의 일부 구간도 동대문운동장 바닥에 묻혀 있다가 함께 모습을 드러냈다.

    그날 오후 동대문에서 오래오래 감추고 보여주지 않았던 서울의 속살을 보았다. 산과 능선을 따라 또 언덕을 따라 구불구불 이어진 한양도성을 유심히 보면 우리 조상들이 서울이란 도시를 어떤 생각으로 설계했는지 알 수 있다. 한양의 도시설계 철학을 이해하는 실마리를 한양도성에서 찾아낼 수 있는 것이다. 한양도성은 자연의 아름다움을 그대로 살린 우아하고 자유분방한 도시설계 철학을 아주 명쾌하게 보여준다. 오랜 시간 땅속에 묻혀 있다 이제야 세상에 모습을 드러낸 이간수문과 치성과 하도감 터 유적들. 이 보물들을 어찌 해야 할까?

    동대문운동장 자리에 외국 건축가의 설계대로 디자인플라자를 지을 게 아

니라 한양도성박물관을 짓는 게 옳지 않을까? DDP를 설령 짓더라도 땅속에서 발굴된 유적들은 그대로 두고, 그 위에 DDP를 지으면 안 될까? 어떻게 하는 것이 서울의 정체성을 드러내고 경쟁력을 키우는 길인지 다시 생각해봐야 하지 않을까? 발굴 현장에서 수많은 생각들이 머릿속을 오고갔다. 그러나 그저 머릿속 생각이었을 뿐 DDP 공사는 강행됐고, 유적들은 제자리를 잃고 말았다.

세계유산을 꿈꾸는 한양도성

2012년 11월 14일 서울 한양도성이 세계유산 잠정목록에 정식 등재됐다. 한양도성의 세계유산 잠정목록 등재를 위한 준비 작업은 이미 시작됐고, 문화재청에서의 잠정목록 등재 결정은 같은 해 4월에 이뤄졌다. 서울시는 2012년 5월 '한양도성 보존, 관리, 활용 종합계획'을 통해 2015년까지 한양도성을 세계유산으로 등재하기 위한 준비 작업을 추진할 것을 선언했고, 구체적 조치들을 실천에 옮기고 있다. 한양도성 관리를 전담할 조직으로 한양도성도감을 신설했고, 한양도성자문위원회도 운영하고 있다. 한양도성박물관과 한양도성연구소 설립도 추진 중이다.

한양도성이 세계유산 잠정목록에 등재되고, 나아가 세계유산으로 등재되도록 준비하겠다는 움직임은 아주 중요한 의미를 갖는다. 한양도성을 우리만의 유산이 아닌 세계의 유산으로 인정받고 세계인들과 함께 지키고 가꾸어 가겠다는 꿈과 의지의 표현이다. 그러나 한양도성이 세계유산으로 등재되기까지 앞으로 많은 난관을 넘어야 한다. 세계유산으로 등재되기 위해서는 세계유산협약 운영지침이 등재 요건으로 명시한 '탁월한 보편적 가치(OUV: Outstanding Universal Value)'를 반드시 충족해야 한다. 지침에 따르면 세계유산, 특히 자연유산이 아닌 문화유산으로 등재되기 위해서는 여섯 가지 등재 기준 가운데 최소 하나의 기준에 해당돼야 하고, '완전성integrity'과 '진정성authenticity'은 물론 국내외 유사 유산과 비교해서도 대표성이 있음을 입증해야 한다.

한양도성은 이러한 세계유산의 등재 기준을 충족할 수 있을까? 한양도성은 국내외 유사 성곽 유산과는 구별되는 특별한 가치를 지닌다. 이미 세계유산으로 지정된 수원화성과 잠정목록으로 등재된 남한산성, 중부내륙산성군이 있으나 규모나 위계 면에서 한양도성이 월등히 앞선다. 세계유산으로 등재된 서구의 성곽 유산은 물론이거니와 가까운 동아시아의 성곽 유산들과도 구별된다. 한양도성만의 탁월한 가치와 매력은 이미 충분하다. 둘레만 18킬로미터가 넘는 거대한 규모와 600년이 넘는 오랜 역사는 기본이요, 자연 지형을 그대로 살려 땅과 한 몸이 된 성을 쌓았으니 한양도성은 문화유산이자 자연유산이기도 한 것이다. 뛰어난 기술을 가진 장인들과 백성들이 혼연일체가 되어 쌓은 성이며, 방어를 위한 요새이면서 놀이 삼아 돌던 순성巡城의 장소이기도 했다.

걱정하는 것은 딱 한 가지, '진정성'이다. 동대문운동장에서 발굴된 이간수문과 성곽, 치성의 유적들을 대했던 우리의 태도를 보면 크게 우려스럽다. 소중한 유산을 보전할 때 섣부른 복원 아니 복원이란 이름을 내걸고 사실상 재건축을 하는 경우가 아주 많다. 유산은 원래 모습 그대로, 제자리에 있을 때 본연의 가치를 발휘한다. 옮기고, 덧대는 것은 유산을 대하는 바른 태도가 아니다.

청계천 복원 중에도 도로 밑에서 광통교가 제 모습을 드러냈고, 오간수문 자리에서도 유적들이 나타났다. 천변에 쌓은 석축들도 구간 구간 발굴됐다. 그러나 제자리에 옛 모습 그대로 남겨진 유적들은 하나도 없다. 광통교는 다른 곳으로 이전됐고, 오간수문과 석축의 유적들도 먼 곳으로 옮겨졌다. 동대문운동장에서 발굴된 유적들도 마찬가지 대우를 받았다. 하도감 터의 숱한 유적들은 모두 제자리를 떠나 이곳저곳에 찔끔찔끔 놓였고, 이간수문과 치성, 성곽에는 원래의 진품 위에 새 돌들을 얹어 깍두기 자르듯 재건축했다. 새로 올려놓은 돌의 무게에 눌려 아래쪽에 놓인 원래의 돌은 금이 가고 부서질 지경이다.

어렵게 찾은 한양도성의 실물들, 축복처럼 발견하게 된 한양도성의 진품들을 우리는 너무나 함부로 대했다. 복원한다며 재건축을 했고, 본래의 가치를 훼손했다. 잘못된 재건축 탓에 귀한 진품들이 망가지고 있다. 유네스코 세계유산협약 이행을 위한 운영 지침 제86조에는 유산의 재건축에 관한 분명한 규정이 제시돼 있다.

진정성과 관련해 고고학적 유적이나 역사적 건조물, 구역의 재건축은 오직 예외적인 경우에 한해서만 정당화될 수 있다. 재건축은 완벽하고 상세한 기록 문건에 기초할 때만 허용 가능하며, 절대로 추측에 근거해선 안 된다.

시안성곽의 속살

서울성곽 연구팀들과 함께 명대 성곽도 답사하고, 성곽의 보전과 관리에 대해 공부도 할 겸 시안에 다녀온 적이 있다. 전동차를 타고 성곽을 일주하고 여러 곳도 방문했지만 가장 감동적인 장소는 함광문에 있던 성곽박물관이었다. 잘 아는 것처럼 시안은 당나라 시절 장안으로 불리던 글로벌 도시였다. 당나라 때 쌓은 성곽은 거의 사라지고 명 대에 쌓은 성곽이 고스란히 남아 있는데, 명 대 성곽에 당나라 때 궁성의 일부 흔적을 그대로 남겨 성곽박물관을 만들었다. 벽돌로 쌓은 명 대 성곽 안으로 들어가니 거대한 흙덩어리가 나타난다. 당나라 때의 유적이 그대로 남아 있어 모든 일행이 감탄했다. 시안의 속살을 보고 어찌 감격하지 않을 수 있을까.

비단 시안만 그런 게 아니다. 북경의 금중도 수관 유적도 옛 모습을 유지하고 있다. 금나라 시절에는 북경을 중도라 불렀다. 그때 쌓은 성곽과 물길이 만나는 곳을 수관이라 부르는데, 땅속 깊이 숨어 있던 수관을 우연히 발굴하게 됐고, 그곳에 박물관을 지어 실물 그대로 보존하고 있는 것이다. 수관 유적은 옛날 중국인들의 토목 기술을 생생하게 보여준다. 중국의 오랜 역사도시 중 하나인 개봉의 경우도 비슷하다. 개봉성의 서문인 대량문 입구에도 옛 도시들의 흔적이 그대로 남아 있다. 개봉은 여러 시대의 역사가 중첩된 도시로 북송 대에는 동경성이었고 명 대에는 변량이라 불렸다. 그렇게 오랜 역사를 거치면서 쌓고 헐었던 성곽의 흔적들을 실물과 함께 보여주고 있는 것이다.

시안의 당 대 성곽 실물, 북경의 수관 유적 그리고 개봉성의 역사적 층위들을 보면서 안타깝고 또 화가 났다. 왜 우리는 소중한 유적들을 본래의 자리

중국 시안에 남아 있는 명 대 성곽의 함광문 내부에 보존돼 있는 당나라 유적. 명 대에 건축된 성곽 안에서 당나라 시기의 진품 유적을 볼 수 있어 감동이 더하다. ⓒ이상구

에 실물 그대로 두지 못할까. 청계천을 봐도 화가 나고, 최근 발굴하여 복원해놓은 교남동 옛 기상청 인근의 성곽을 봐도 화가 난다. 그런데 동대문운동장 자리를 보면 화조차도 나지 않는다. 그저 가슴이 막힐 뿐이다. 동대문운동장에, 그 아래 묻혀 있던 한양도성의 진품 유적들에 대체 무슨 짓을 했는가.

동병상련 서울, 북경, 동경

동북아도시연구센터 탄생과 베세토 연구

서울시정개발연구원에서 마지막 열정을 쏟았던 때가 동북아도시연구센터 시절이다. 센터에서 담당한 연구들 가운데 세 도시의 학자들이 함께 진행한 '베세토(BeSeTo: Beijing Seoul Tokyo) 역사도시 보전 정책 비교연구'가 특히 기억에 남는다.

    2004년 연구원에 동북아도시연구센터가 만들어졌다. 처음에는 남북 교류와 통일을 대비하자는 취지에서 북한도시연구센터를 만드는 쪽으로 검토되다가, 북한 도시 연구와 동북아 도시 연구를 아우르는 동북아도시연구센터 신설로 가닥이 잡혔다. 센터장을 맡은 뒤 제일 먼저 준비하고 시작한 연구가 '베피세토(BePySeTo: Beijing Pyongyang Seoul Tokyo) 역사 보전 연구'였다. 서울과 북경과 동경 그리고 평양, 이 네 도시는 참 가깝다. 지리적 거리도 가깝지만 역사도시이자 수도이고, 대도시라는 점에서도 많이 닮았다. 이런 공통점이 있는 만큼 비슷한 문제로 여러 고민을 했을 테고, 그런 고민들과 나름의 대처 방안들을 서로 비교하고 나누어보자는 생각에서 연구를 시작했다.

동북아도시연구센터가 만들어질 무렵을 전후해 동경과 북경을 바쁘게 다니면서 국제 공동연구의 기초를 만들어갔다. 2000년에 자매결연을 맺어 교류를 지속한 북경시성시규획설계연구원과 제일 먼저 의견 일치를 봤다. 동경 연구는 동경대학교에 맡겼는데 마침 그 무렵 도시공학과와 건축과, 토목과 교수들이 문부성의 연구비를 받아 지속가능도시재생센터(CSUR: Center for Sustainable Urban Regeneration)를 발족하여 그곳과 연구 계약을 맺었다.

문제는 평양 연구였다. 직접 접촉하기도 어려웠고 더구나 연구 계약을 맺거나 연구비를 지급하는 것은 거의 불가능한 일이라 중간고리를 찾았다. 결국 중국 연변대학교와 계약을 맺고, 연변대가 다시 북한의 조선사회과학원과 계약을 맺어 평양 연구를 의뢰하는 방식으로 진행했다. 연구비 역시 동일한 방식으로 지급했다.

연구가 진행 중이던 2005년 봄, 북경에서 국제 세미나를 열어 중간 연구 결과를 함께 공유하고, 연구 마무리를 위한 토론 시간을 가졌다. 북경의 역사보전 현장도 직접 방문했다. 평양 연구진들은 아쉽게도 세미나에 참석하지 못했다. 평양 연구 결과물은 나중에 전해 받았지만, 긴밀하게 교류하며 연구해온 세 도시의 연구 결과와 결이 많이 달라 보고서의 부록으로 담았다. 최종 연구 보고서는 베세토 세 도시로 범주를 좁혀 「서울, 북경, 동경의 역사문화보전정책」이란 제목으로 국문과 영문 그리고 중문판으로 출간했다.

닮은 듯 다른 도시 베세토

베세토 연구를 통해 아주 흥미롭고 소중한 것들을 발견했다. 어쩌면 당연한 얘기일지 모르나 서울과 북경, 동경은 아주 닮은 도시이면서 다른 도시라는 점이다. 이 도시들은 모두 아름답고 자랑할 만한 역사를 지녔으나, 격동기를 거치면서 외부의 위협과 제 스스로의 잘못으로 많은 문화유산들을 없애고 훼손했다. 그렇게 잃고 망가진 유산들을 이제는 복원하려 애쓰고 있는 모습마저 많이 닮았다.

북경과 서울은 특히 닮았는데 우리가 일제강점기와 개발 시대를 거치며 소중한 문화유산들과 오래된 건물들을 잃은 것처럼 북경도 비슷한 역사를 거쳤다. 1949년 중화인민공화국 건국 이후, 새로운 중심 업무 지구를 어디에 건설할 것인가로 큰 논란이 있었다. 모택동 주석의 초청으로 북경에 온 러시아 전문가들은 북경 구성 내부를 개조해야 한다고 주장한 반면 중국의 건축사학자인 양사성을 중심으로 한 중국 학자들은 북경성을 보호하고 구성 바깥에 새로운 행정 중심지를 개발할 것을 주장했다. 모택동 주석은 러시아 학자들의 제안을 받아들였고, 북경의 성곽과 패루, 전통 주택인 사합원이 철거되기 시작했다.

요즘에도 역사도시의 보전을 당위처럼 얘기하다가 어느새 온갖 명분을 만들어 역사도시를 파괴하기도 한다. 비슷한 고민을 품고 있기에 서로의 상황에 쉽게 공감할 수 있었다. '같은 어려움을 공감하고, 함께 걱정하며 서로 구해준다'는 옛말 그대로였다. 그러나 세 도시의 생김새와 도시를 만든 생각은 사뭇 다르다. 평원 위에 네모반듯하게 만든 북경은 남북을 관통하는 중심축이 강한 축의 도시, 인공의 도시라 할 수 있다. 이에 반해 서울은 산의 능선을 따라 구불구불하게 성곽을 쌓고, 지형과 물길을 따라 형성된 굽은 길들을 그대로 살려 도시를 만들었다. 북경보다 훨씬 더 자연에 가까운 자유분방한 도시이다. 동경도 특이하다. 바다를 바라보는 언덕의 도시면서 사이사이 물길이 흐르는 동경은 물의 도시라 부를 만하다. 그러나 끊임없이 바다를 메워 땅을 만들면서 성장해왔다. 이제 고층 건물들로 인해 바다로 열린 조망도, 저 멀리 후지산을 볼 수 있는 언덕인 후지미자카도 대부분 시야가 가로막히고 말았다.

베세토 전시회와 베피세토의 꿈

베세토 연구가 마무리되고 한참 후, 베세토 연구가 다시 부활했다. 2010년 11월 서울역사박물관에서 '서울, 북경, 동경: 세 수도의 원형과 보존'을 주제로 전시회가 열렸고, 세 나라에서 온 참가자들이 모여 세미나도 열었다. 오전에는 역사도시의 원형에 대한 발제와 토론이 있었다. 북경에서는 청화대 유산보존센터의 저우이칭 연구원이, 동경에서는 호세이대학의 진나이 히데노부 교수가, 서울에서는 경기대학교 이상구 교수가 각 도시의 원형을 발표했고 곧 세 나라 연구자들이 함께 토론하는 시간을 가졌다.

　　진나이 히데노부 교수는 동경을 물의 도시라 부르면서 스미다 강에서 칸다가와 강으로, 다시 니혼바시 강에서 도쿄 만에 이르는 수상水上 도시의 모습을 동경의 원형으로 표현했고, 물과 수변 공간의 파괴와 회복의 역사를 흥미롭게 설명했다. 저우이칭 연구원은 자금성과 북경 구성을 남에서 북으로 꿰뚫는 중축선의 관점에서 축의 도시 북경을 이야기했다. 이상구 교수는 고구려 시기부터 이어져 내려온 성곽 축조의 전통과 동아시아 역사도시들과의 차별성의 관점에서 자연친화적인 서울의 정체성을 분석했다.

　서울, 북경, 동경 그리고 평양. 가깝고 서로 닮았으면서 서로 많이 다른 네 도시가 함께 할 일들이 아주 많다. 철도를 이어 편하게 서로 오고갈 수 있을 테고, 네 도시를 하나로 묶는 관광 상품을 개발할 수도 있을 것이다. 네 도시의 시민들과 학자들이 서로 부단히 오가며 서로를 공부하고 가까워진다면 함께 성장할 수 있을 것이다. 사이좋은 네 형제처럼, 우애 깊은 네 자매처럼 지낼 가까운 미래를 그려본다.

3
-

차보다 사람을
섬기는 도시가
참한 도시

미노베 방정식과 보네르프

도시와 삶을 바꾸는 시장

시장이 바뀌면 시민의 삶도 바뀐다. 마을과 도시의 풍경도 달라진다. 시장 한 사람이 모든 것을 바꿀 수는 없지만, 그의 지향과 의지가 정책으로 구체화돼 실천된다면 큰 변화를 이뤄낼 수 있다. 박원순 서울시장이 취임한 뒤 서울에 많은 변화가 일어나고 있다. 시청 안에 시민청을 만들어놓으니 시민들이 와서 떠들고 놀고 쉬다 간다. '시청city hall'이 아니라 '시민청citizen hall'이라…… 이름만으로도 참 많은 것을 말해준다.

뿐만 아니다. 박원순 서울시장은 매우 창의적이고 혁신적인 방식으로 임대주택을 공급하고 있다. 임대주택 건설하면 흔히 그린벨트를 해제해 대단위 아파트 단지를 올리는 광경을 떠올리기 쉬운데, 박원순 시장은 전혀 다른 방식으로 풀어가고 있다. 놀고 있는 공공 청사를 리모델링하기도 하고, 고가도로 아래 공간을 알뜰히 활용하기도 한다. 일단 많이 짓고 보자는 식이 아니라 기숙사형 임대주택, 의료안심주택, 노후안심주택, 일자리 지원형 임대주택 그리고 협동조합형 임대주택처럼 수요자 맞춤형으로 공급하고 있다.

시장이나 군수, 구청장, 도지사와 같은 단체장이 도시를 바꾸고 삶을 바꾼 사례들은 국내외를 불문하고 아주 많다. 그중 한 사람이 미노베 료기치 동경도지사이다.

미노베 지사의 역발상

미노베 동경도지사는 1967년 지방선거에서 사회당과 공산당 연합 후보로 출마하여 당선됐다. 대학교수 출신인 미노베 지사는 3선을 연임하며 동경의 정책을 크게 바꾸는 데 중요한 역할을 했다. 1960~1970년대에는 동경뿐만 아니라 요코하마, 오사카, 교토 등 여러 도시에서 진보 성향의 단체장들이 대거

1967년 지방선거에서 승리한 미노베 료기치 동경도지사의 취임식 장면.
ⓒ동경도

당선되어 이른바 일본의 혁신자치제 시대를 열어갔다. 이들 혁신자치 단체장들은 이전의 보수 성향 단체장들과 구별되는 진보적 도시 정책을 펼쳐 값진 성과를 거뒀다.

그는 노인과 장애인 복지를 강화하고, 의료보험과 연금제도를 혁신했다. 시빌 미니멈$^{civil\ minimum}$의 구호 아래 사회보장과 보건제도의 기틀도 다져나갔다. 관과 민간 건설 회사들이 주도해오던 개발, 재개발 위주의 도시계획에서 벗어나 주민이 주도하여 마을과 도시의 역사와 환경을 지켜나가는 마을 만들기인 '마치즈쿠리^{まちづくり}'가 일본 전역에 뿌리를 내린 것도 바로 이 시기였다.

이러한 혁신적인 도시 정책은 교통 분야에도 적용돼 '미노베 방정식'으로 불리는 도로 정책의 대전환이 일어났다. 기존의 도로 공식이 '도로-차도=보도'였다면, 미노베 지사는 이를 거꾸로 뒤집어 '도로-보도=차도'의 원칙을 천명하고 자동차 중심의 교통과 도로 정책을 보행자 위주로 바꾼 것이다. '도로를 만들 때 먼저 필요한 만큼 차도를 만든다. 그러고도 공간이 남으면 보도를 만들고 아니면 만들지 않아도 된다'는 생각, 이것이 도로를 만드는 오랜 공식이자 관행이었다. 이 공식을 완전히 뒤바꾼 사람이 바로 미노베 지사였다. 지금이야 교통 정책이든 도로 정책이든 차보다는 사람을 먼저 고려하는 게 당연하지만, 일본에서 자동차 대중화 시대가 막 시작된 1970년대에 이런 정책을 제시한 건 아주 비상한 일이었다.

자동차의 등장은 우리 도시를 크게 바꾸었다. 특히 일부 계층만 자동차를 보유하는 시대에서 누구나 자동차를 이용하는 자동차 대중화 시대를 맞으며 교통 정책의 근간은 크게 휘청거리기 시작했다. 세계 모든 도시들이 함께 겪었고 지금도 겪고 있는 일이다. 자동차가 기하급수적으로 늘기 이전의 교통 정책은 한마디로 공급 정책이었다. 자동차가 늘어나면 도로를 넓히고 주차장을 늘렸다. 그러다가 자동차가 폭발적으로 늘어나면서 정책을 정반대로 바꾸게 된다. 도로를 넓히고 주차장을 늘려봐야 급증하는 자동차 수요를 감당할 수 없음을 절실히 깨달은 뒤의 일이다. 밑 빠진 독에 물 붓기임을 절감하고 나서야 교통 정책은 수요관리 정책으로 바뀌었다. 차도와 주차장을 줄이고 꼬박꼬박 요금을 받는다. 통행료를 부과하여 승용차 이용을 억제하는 한편 대중교통을 개선하고 이용을 장려한다. 달리 말하면 대중교통을 우선으로 하는 정책이다.

차를 위한 도로보다 사람을 위한 길을 강조한 미노베 방정식은 지금 우리 도시에서 유행처럼 번지고 있는 도로 다이어트, 보행우선도로, 보차공존도로와도 같은 철학을 공유한다. 이러한 생각들이 점차 발달하여 최근 구미에서 등장한 쉐어드 스페이스$^{shared\ space}$, 즉 신호등이나 표지판 없이 차도와 보도를 구분하지 않고 조화롭게 사용한다는 개념에 이르고 있다.

보네르프와 보차공존도로의 탄생

1970년대 일본에서 미노베 방정식이 등장하여 도로의 개념을 크게 바꾸었다면 같은 시기 유럽에서도 혁신적인 도로의 개념이 새롭게 등장했다. 바로 '보네르프^{woonerf}'다. 보네르프를 우리말로 옮기면 생활의 마당 또는 생활 공간을 의미한다. 차가 다니는 도로를 생활 공간이라 부른다는 발상 자체가 미노베 방정식처럼 아주 혁신적이다. 보네르프의 표지판을 보면 그 의미를 한눈에 알 수 있다. 집과 사람과 차가 어우러져 있고 차가 다니는 길과 사람의 길이 구분되

보차공존도로의 원조라 할 수 있는 네덜란드 보네르프의 표지판. 차와 사람이 함께 쓰는 도로를 표시한다. 아이가 공놀이를 하고 있는 모습이 이곳이 차보다는 사람을 위한 도로임을 상징적으로 보여준다. ⓒ서울연구원

어 있지 않다. 심지어 아이는 공을 차고 있다. 사람과 차가 함께 쓰는 도로, 도로이면서 생활 공간이기도 한 곳, 그곳이 보네르프다.

1970년대를 전후해서 네덜란드 역시 자동차 대중화 시대를 맞게 된다. 한적하던 주택가 도로에도 자동차들이 빈번히 오가게 된 것이다. 과속 차량으로 인해 사고가 나기도 했다. 이웃과 만나 담소도 나누고 때로는 자리를 펴고 음식을 나눠 먹기도 했던 집 앞 골목과 같은 생활 공간을 빼앗긴 주민들은 화가 났다. 그래서 길에 커다란 화분을 내놓기 시작했다. 넓은 길에 화분을 엇갈리게 놓아두니 갑자기 차도가 좁아지고 꺾여 자동차의 속도도 함께 꺾이게 된 것이다. 이것이 보네르프, 즉 사람과 차가 함께 쓰는 도로인 '보차공존도로'가 탄생하게 된 계기다. 보차공존도로는 차보다 사람을 먼저 대우한다는 뜻에서 '보행우선도로'라고 불리기도 한다.

네덜란드 정부는 1975년도부터 정책적으로 보네르프 개념을 명확히 정립했고, 다음 해 도로교통법에 보네르프 도로 설계 기준을 명문화했다. 이후 보네르프는 네덜란드 전역으로 확산돼 1980년대 초반에 전국 1500곳이 넘는 주거지역에 적용됐고, 대상지도 상가지역 등으로 확대됐다. 보네르프는 세계 여러 나라에 전파돼 다양한 모습으로 진화 중이다. 독일의 템포 30존, 영국의 20마일존, 홈존, 일본의 커뮤니티도로와 커뮤니티존 등 사례들도 아주 많다.

이름과 형태는 다르지만 그 본질은 같다. 자동차가 함부로 날뛰지 못하도록 엄격하게 속도를 제한하는 것이다. 보행자가 걷는 속도로 자동차가 주행하도록 규제하기도 한다. 만약 사고가 난다면? 100퍼센트 운전자 과실로 중징계를 받는다.

도로의 구조와 형태도 과속을 어렵게 만든다. 도로를 구부리거나 꺾고, 횡단 지점 같은 곳은 차도 폭을 바짝 좁히기도 한다. 차도의 바닥을 오돌토돌한 재료로 포장하여 운전자로 하여금 '이곳은 쌩쌩 달려서는 안 되는 곳'임을 온몸으로 느끼게 한다. 자동차의 과속을 막는 이런 조치를 '트래픽 카밍traffic

① 자동차의 과속을 막는 트래픽 카밍 기법의 한 예인 차도 꺾기가 적용된 차도. 원래 넓었던 차도를 군데군데 좁혀서 차선을 굴절해 놓았다. 좁고 꺾인 도로에서 자동차는 속도를 줄일 수밖에 없다.

② 트래픽 카밍의 또 다른 기법인 진입구 좁히기가 적용된 차도. 길 입구의 차도를 좁혀 자동차가 이 길에 들어설 때 속도를 줄이도록 유도한다. 차도는 좁히고 보도를 넓혀 보행자들이 쉽게 길을 건널 수 있다.

③ 트래픽 카밍의 또 다른 예인 회전교차로(라운드 어바웃)가 적용된 차도. 회전교차로를 지나기 위해 자동차는 속도를 줄이게 된다. 신호등 없이 먼저 진입한 차부터 순서대로 돌아 원하는 방향으로 나가는 자율적인 형태의 교통 체계라 할 수 있다.

calming'이라고 하는데, 우리말로는 교통 진정 또는 교통 정온화로 번역하곤 한다. 개인적으로는 '자동차 길들이기'라고 옮기길 좋아한다.

보행우선도로의 개념조차 없는 나라

일본에서는 1970년대에 미노베 방정식을 이야기하고 네덜란드에서는 보네르프를 창안하여 사람을 위한 도로를 만들고 있을 때, 우리는 보행우선도로의 개념조차 법으로 명확히 규정하고 있지 않다. 최근 개정된 도시계획시설 기준에 보행자우선도로가 반영된 것이 전부다. 우리나라의 도로법이나 도로교통법을 보면 보행전용도로는 있어도 보행우선도로의 개념은 없다. 서울의 덕수궁길을 비롯해 보행우선도로 또는 보차공존도로를 만든 예들은 있지만, 법제도상 보행우선도로의 개념은 반영되지 않은 상황이다. 어린이 보호구역, 노인 보호구역, 보행우선구역과 같은 개념들은 있지만, 보행우선도로를 도로의 종류 가운데 하나로 분명하게 정의하고 있지 않는 것이다.

  도로라고 다 같지 않다. 각각 쓰임새와 모양도 다르다. 고속도로 같은 자동차전용도로도 있고, 차가 들어올 수 없는 보행전용도로도 있다. 문제는 사람과 차가 함께 쓰는 '보차혼용도로'다. 보도와 차도를 구분해놓지 않은 보차혼용도로가 얼마나 많은가. 이 같은 보차혼용도로의 주인이 차가 아닌 사람임을 명확히 하고, 필요한 조치들을 취한 곳이 바로 보행우선도로다.

  보행우선도로의 개념이 없다 보니 사람과 차가 함께 사용하는 보차혼용도로에서 주인은 당연히 차다. 골목길, 학교 주변, 아파트 단지 내, 상점가 등 유동 인구가 많아 사람과 차가 혼잡하게 섞이거나, 차들이 쌩쌩 달리지 않고 조심스럽게 사람을 보호하면서 다녀야 하는 장소, 이런 곳들이 모두 보행우선도로로 지정돼야 한다. 지금처럼 극히 일부 지역만을 스쿨존이나 실버존으로 지정하는 데 머물지 말고 보행우선도로를 법제화하여 필요한 모든 곳들을 보행우선도로로 지정해야 한다. 운전자들의 저속, 주의 운전을 의무화하고, 사고 시 운전자 과실로 처벌받게 될 것임을 명료하게 고시해야 보행자의 안전을 확보할 수 있을 것이다.

횡단보도를 돌려주세요

강을 건너게 해주는 다리, 횡단보도

온 세상 곳곳에 수많은 강이 흐른다. 길고 깊게 흐르는 강 우리를 가른다. 서로 물 건너 바라보지만, 아! 만나지 못한 채 그 눈길은 불신으로 가득 차. 어찌 강 위로 다리를 우리 놓지 않는가? 어찌 강 위로 다리를 우리 놓지 않는가?

고등학생 시절 무척 좋아해 종종 따라 부르던 노래 '다리'의 한 구절이다. 사람들의 만남을 가로막는 것은 강뿐만이 아니다. 차들이 쏜살같이 달리는 넓은 도로 또한 사람들의 만남과 교류를 가로막는 또 다른 강이다. 그래서 넓은 도로가 많은 도시는 길고 깊게 흐르는 강이 많은 세상이기도 한 것이다. 외국 도시들에 비해 유난히 넓은 도로가 많은 우리 도시, 반도의 허리를 휴전선이

싹둑 자르고, 동네마다 넓은 도로가 종횡으로 사람을 가로막는 우리 도시. 그래서 우리는 단절의 삶을 살고 있는지 모른다.

폭 40미터 이상의 넓은 도로를 '광로廣路'라 부른다. 왕복 8차선이 넘는 넓은 길은 자동차가 속력을 내는 데에는 좋을지 모르나, 보행자를 위협하고 길 양쪽을 단절해 결과적으로 도시의 삶을 황량하게 만든다. 강을 건너 서로 만나기 위해 다리를 놓는 것처럼, 길을 건너 서로 만나고 교류하기 위해서는 횡단보도를 놓아야 한다. 우리 도시를 한번 둘러보자. 우리가 살고 있는 동네를 한번 둘러보자. 우리의 만남과 교류를 가로막는 거센 강물 위 다리는 제대로 놓여 있는가?

서울시의 경우 1990년대까지만 해도 폭 12미터 이상의 도로가 만나는 교차로 가운데 횡단보도가 설치돼 있는 곳이 절반을 조금 넘을 뿐이었다. 나머지 교차로의 경우 횡단보도가 전혀 없거나 일부에만 설치돼 있었다. 당연히 사거리에는 네 개의 횡단보도가, 삼거리에는 세 개의 횡단보도가 설치돼야 한다. 그럼에도 불구하고 사거리에 횡단보도가 달랑 세 곳에만 설치돼 있거나, 삼거리에도 언제부턴지 횡단보도가 하나씩 지워져 두 군데밖에 없는 곳도 많다. 이런 교차로에서 보행자들은 한 번에 건널 수 있는 길을 두 번에 걸쳐 건너야 한다. '목숨을 걸고 길을 건넌다'라는 말이 있을 정도로 보행자 교통사고의 상당수가 횡단 중에 발생한다. 보행자를 위해 우회전 차량이 잠시 지체하는 것을 막기 위해, 보행자들에게 위험하기 짝이 없는 찻길 건너기를 한 번 더 강요하는 것은 보행자 교통사고를 방조하고 나아가 조장하는 것과 다름없다.

꽤 오래 전부터 서울 명보극장 앞과 시청 뒤 등 몇몇 교차로에서 조금은 낯선 횡단보도를 설치하고 있다. 교차로의 네 방향에 각각 횡단보도를 두고 교차로 안에 알파벳 'X' 자 모양의 대각선 횡단보도scramble crossing를 추가로 설치한 것이다. 대각선 횡단보도는 교차로에서 보행자들이 원하는 목적지까지 한 번에 건널 수 있도록 배려한 인간적인 횡단보도의 전형이다. 그러나 이런 곳은 가뭄에 콩 나듯 극히 일부에 불과하다. 아직도 횡단보도가 없는 곳이 많다. 많아도 너무 많다.

우리 동네 횡단보도는?

잠실 신천역 사거리에 혹시 가보셨는지. 지하철 2호선 신천역이 위치한 이곳은 남서쪽 새마을시장을 빼면 나머지 세 곳이 모두 아파트 단지다. 지금은 고층 아파트 단지로 변했지만, 과거 5층 높이의 주공아파트가 있던 장소다. 주공아파트 2단지와 4단지를 옮겨가며 청년기를 보냈고 결혼 뒤에도 3년을 살았으니 내게 잠실은 남다른 추억이 있는 곳이다. 지금 신천역 사거리에는 네 개의 횡단보도가 있지만, 결혼해서 살던 당시에는 두 개의 횡단보도만 있었다. 지하철 2호선이 개통되면서 올림픽로를 건너는 횡단보도가 사라졌기 때문이다.

지하철 개통과 횡단보도가 사라진 일의 상관관계가 이상하지 않은가? 횡단보도 설치 기준이 되는 도로교통법의 시행규칙 제11조에 그 원인이 있다. '제11조의 4' 내용은 이렇다.

> 횡단보도는 육교, 지하도 및 다른 횡단보도로부터 200미터 이내에는 설치하지 아니

할 것. 다만, 법 제12조 또는 제12조의 2에 따라 어린이 보호구역, 노인 보호구역 또는 장애인 보호구역으로 지정된 구간인 경우 또는 보행자의 안전이나 통행을 위하여 특히 필요하다고 인정되는 경우에는 그러하지 아니하다.

'다만' 이후의 예외 인정 조항은 1995년 7월 1일 시행령 개정 시에 추가되었으니 그전까지의 우리나라 횡단보도 설치 기준은 한마디로 '200미터 이내에 횡단보도, 육교, 지하도를 함께 설치하지 말라'로 요약된다. 횡단보도 설치 기준이 아니라 횡단보도 금지 기준이라 부르는 게 맞다. 1980년대 중반에 지하철 2호선이 개통됐으니, 지하철역이 생기면 당연히 지상부의 횡단보도를 지워야 했다. 신천역 횡단보도도 그렇게 지워졌다.

아래 사진은 1996년 여름 당시 서울의 보행환경 연구를 수행하기 위해 신천역에 현장 조사를 나갔다 직접 촬영한 것이다. 새마을시장 건너편 1단지 아

1996년 당시의 잠실 신천역 사거리 횡단보도. 지하철 신천역이 개통되면서 횡단보도 두 곳을 없앴다. 넓은 길인 올림픽로를 건너기 위해서는 지하도를 오르내려야만 한다.

파트 옥상에서 내려다본 신천역 사거리의 모습이다. 작은 길을 건너는 횡단보도 두 곳은 남아 있지만, 큰길을 건너기 위한 횡단보도는 지워진 상태다.

이제 2단지에 사는 아주머니 한 분이 유모차에 아이를 태우고 횡단보도를 건너는 과정을 담은 사진을 보자. 이 아주머니가 대각선에 위치한 새마을시장에 가기 위해서는 우선 1단지 쪽으로 건너가야 한다. 횡단보도를 건넌 아주머니가 잠시 멈춰 선다. 있어야 할 자리에 횡단보도가 없기 때문이다. 이제 이분이 길을 건널 수 있는 방법은 세 가지다. 첫째는 유모차를 접어 한 손에 들고 아이는 다른 팔로 안고 지하도를 건너는 방법이고, 둘째는 1단지 쪽으로 한참을 걸어 멀리 있는 다른 횡단보도를 찾아 길을 건너는 방법이다.

셋째는? 그렇다. 유모차를 밀면서 차도를 내달리는 방법이 있다. 이와 같이 길을 건너는 것을 흔히 무단횡단이라 부르는데, 다시 생각해보면 무단횡단이라는 표현이 합당하지 않음을 알 수 있다. 이것은 자동차만 우선시하는 도로 정책이 빚어낸 비인간적 현장이다. 건널 수 없게 만들어놓은 도시의 잘못을 탓할 일이지, 과연 사람을 탓할 수 있을까. 당시 보행권을 중시하는 시민 단체 활동가들은 불법적인 행위를 뜻하는 '무단횡단'이란 말 대신 '비횡단보도 횡단'이란 표현을 쓰자고 주장하기도 했다. 나 역시 그 표현에 공감하고 동의했다.

신천역 사거리 횡단보도는 남의 이야기가 아니었다. 당시 2단지에 살며 다섯 살, 두 살배기 아이를 키우던 아내도 매일매일 야만의 현장을 건너 새마을시장에 다녀와야 했으니까. 가슴이 아팠다. 분노가 치밀어 오르기도 했다. 신천역 사거리에 횡단보도를 꼭 그어주겠노라고 연구자가 아닌 남편이자, 아빠로서 아내와 아이들에게 약속했다. 그러나 결국 약속을 지키지 못하고 잠

① 잠실 2단지에서 대각선 방향의 새마을시장을 가기 위해서는 우선 횡단보도를 건너 1단지 쪽으로 가야 한다.

② 1단지 쪽으로 건넌 뒤 큰길을 건너 새마을시장에 가기 위해서는 유모차를 접어 지하도로 내려가거나 멀리 있는 횡단보도까지 우회해서 길을 건너야 한다.

③ 지하도를 오르내리거나 멀리 있는 횡단보도까지 우회해서 길을 건너는 불편을 덜기 위해서는 차도 위를 건너는 수밖에 없다.

④ 자동차를 편리하게 하기 위해 횡단보도를 없애고 사람에게 불편을 강요하는 현실에서 이러한 행위를 무단횡단이라 부르며 나무랄 수 있을까.

실을 떠나 일산으로 이사했다. 그러고도 10년은 더 지나서 잠실아파트 재건축이 끝난 뒤에야 신천역에는 횡단보도가 그어졌다. 네 곳이 아닌 세 곳에만. 그리고 또 한참 뒤 네 개의 횡단보도가 모두 되돌아왔다.

횡단보도 되찾기

빼앗긴 횡단보도를 되찾으려는 노력은 1990년대 말부터 계속되고 있다. 200미터 이내에는 횡단보도와 지하도, 육교가 함께 있어서는 안 된다는 도로교통법에 따라 새로 개통된 제2기 지하철역 주변의 횡단보도가 하나씩 지워졌고, 이를 되살리려는 눈물겨운 투쟁이 곳곳에서 이어졌다. 결국 제2기 지하철인 5, 6, 7, 8호선 역 주변의 사라졌던 횡단보도들이 대부분 되살아났다.

1999년 초에는 세종로의 광화문 사거리를 남북 방향으로 건널 수 있도록 새문안길과 교보문고 앞에 두 개의 횡단보도가 복원됐다. 2000년 1월에는 지하도만 있던 서초동 예술의 전당 앞에도 횡단보도가 새롭게 놓였다. 같은 해 9월에는 인사동 입구에 있던 육교가 철거되고 횡단보도가 생겨 인사동을 찾는 시민들의 환영을 받았다.

2004년 4월에는 시청 앞 교통광장이 서울광장으로 조성돼 보행자에게 개방됐고, 광장 조성과 함께 횡단보도가 설치돼 사람들이 지하도 대신 길 위를 걸어 건널 수 있게 됐다. 그리고 다음 해 봄에는, 광화문 세종로 사거리에 동서 방향으로 두 개의 횡단보도가 설치돼 40년 만에 광화문 횡단보도의 전면 복원이 이뤄졌다. 그동안 자동차의 물살에 고립되어 있던 국보 1호 숭례문에도 광장이 조성되고 횡단보도가 놓였다.

① 횡단보도가 설치되지 않은 광화문 사거리. 서울의 중심지라 할 수 있는 광화문 사거리에서 길을 건너기 위해서는 지하도를 이용해야만 했다. ⓒ서울시

② 횡단보도가 모두 복원된 광화문 사거리. 이곳에 횡단보도가 설치되면 교통 정체가 심해질 것이라는 우려가 있었지만 횡단보도가 설치된 지금 교통 정체는 없다. ⓒ서울시

횡단보도, 경찰청에서 결정합니다

횡단보도 설치 여부와 형태, 신호 운영 등을 결정하는 곳은 지방자치단체가 아니라 경찰청이다. 서울시의 횡단보도는 서울시나 자치구가 아닌 서울지방경찰청에서 결정한다. 경찰청마다 교통규제심의위원회가 구성되어 있고, 여기에는 경찰 담당자뿐만 아니라 도시계획, 도시설계, 교통, 도로 분야 전문가들이 참석해 사안들을 심의한다.

10년 이상 서울시경찰청의 교통규제심의위원으로 참여해온 사람으로서 자부심만큼이나 많은 아쉬움과 한계를 느낀다. 결국 모든 심의의 핵심은 자동차와 사람 중 누구를 좀 더 존중할 것인가의 문제로 귀착된다. 물론 과거에

비하면 심의 분위기도 많이 바뀌었다. 보행자를 더 존중해야 한다는 인식이 확대됐고, 자동차의 소통보다 보행자의 안전과 편의를 고려하는 쪽으로 의사결정이 이뤄지는 추세다. 그러나 한계도 있다. 가장 아쉬운 점은 횡단보도 복원과 신설을 개별 사안으로 다루고 있다는 점이다.

선진국에서는 모든 교차로에 횡단보도를 설치하도록 규제하고 있다. 횡단보도를 육교나 지하도 또는 다른 횡단보도 가까이에 중복으로 설치하는 것을 금하는 우리나라 횡단보도 설치 기준과 확연하게 비교된다. 도로교통법상의 횡단보도 설치 기준을 그대로 둔 채, 한 건 한 건을 개별 사안으로 판단하는 것은 효율적이지도 않고, 문제의 근원을 제거할 수도 없다.

취임 이후 보행친화도시 구상을 밝혀온 박원순 시장이 올해 1월 '보행친화도시 서울 비전'을 발표했다. 보행전용거리 확대 운영, 보행친화구역 조성, 보행자우선도로 및 어린이 보행전용거리 지정 등을 포함한 10개 사업을 추진할 예정이라 한다. 2014년까지 도심 내 주요 교차로에 모든 방향으로 횡단보도를 설치하는 것은 물론 지하보도와 육교 지점에도 횡단보도를 설치한다는 반가운 소식이 들리는 만큼 걷기 좋은 도시, 서울의 앞날을 기대해본다.

어르신의 길 건너기

잠실 어르신과 샌프란시스코 노부부

도시에서 시민과 방문자들이 안전하고 편리하게 걸을 수 있으려면 교차로마다 횡단보도가 있어야 하고, 횡단보도의 신호 체계 또한 보행자를 배려해 설계해야 한다. 건강한 청년들뿐 아니라 어린이, 임산부, 장애인, 어르신 그리고 유모차나 무거운 짐을 끄는 사람까지 모두 편히 건널 수 있어야 한다.

다음 쪽에 실린 자료는 예전 잠실 1단지에서 새마을시장 쪽으로 이어지는 횡단보도를 찍은 사진이다. 횡단보도의 보행자 신호등에 유의하면서, 길을 건너는 어르신을 주의 깊게 보기 바란다. 사람들 대부분이 횡단보도를 건너갔을 무렵 할머니 한 분이 횡단보도를 건너오고 계신다. 신호등은 아직 녹색이다. 그러나 할머니가 횡단보도 중간쯤에 겨우 다다랐을 무렵 신호등은 이내 적색으로 바뀐다. 할머니는 아직도 한참을 더 걸어야 하는데 보행자 신호는 이미

차보다 사람을 섬기는 도시가 참한 도시   157

① 잠실 1단지 앞 횡단보도에서 어르신 한 분이 길을 건너고 있다. 다른 사람들은 길을 거의 다 건넜지만 어르신은 아직 횡단보도 중간밖에 오지 못했다.

② 횡단보도의 중간을 막 지날 무렵 녹색 신호가 적색 신호로 바뀐다.

③ 어르신은 서둘러 길을 건너지만 기다려주지 않는 자동차들이 출발하면서 어르신을 위협한다.

④ 자동차의 위협과 경적 소리를 들으며 길을 겨우 건넜다. 어르신의 한숨 소리가 들리는 듯하다.

적색으로 바뀌었고 차들은 달리기 시작한다.

　사진에 귀를 가까이 대고 한번 들어보라. 무슨 소리가 들리는지. 아직 채 길을 건너지 못한 보행자를 장애물 정도로 여기고 경적을 울리는 난폭한 자동차들의 굉음이 들리지 않는가? 겨우겨우 찻길을 건너온 할머니의 긴 한숨 소리가 들리지 않는가? 이것이 1990년대 중반 서울의 보행환경이었다. 걷고 싶기는커녕 목숨을 걸고 길을 건너야 했던 야만의 현장이었다. 왜 우리 도시는 보행자에게 이처럼 인색할까? 그 근본 원인은 어디에 있을까? 샌프란시스코의 횡단보도 사진을 보면서 비교해보기 바란다.

　샌프란시스코의 주택가에서 노부부가 길을 건너고 있다. 횡단보도 건너편의 보행자 신호등을 유심히 보라. 길 중간쯤 다다랐을 무렵 보행자 신호는 녹색이다. 길을 다 건너 한참을 더 지나쳤을 때까지도 신호는 여전히 녹색이다. 잠실의 어르신과 달리 샌프란시스코의 노부부는 아주 여유롭게 길을 건넌다. 서울과 샌프란시스코, 왜 이렇게 다를까?

① 샌프란시스코의 길을 건너는 노부부의 모습. 천천히 횡단보도를 건너고 있다.

② 횡단보도 중간쯤을 지날 무렵, 신호등은 아직 녹색 그대로다.

③ 횡단보도를 다 건너고 난 뒤에도 신호등은 여전히 녹색이다.

문제는 광로다

잠실과 샌프란시스코의 보행환경이 다른 데는 여러 이유가 있다. 보행자보다 자동차를 우선으로 배려하는 우리의 교통 문화와 정책 때문이기도 하지만 근본 원인은 도로 폭에 있다. 꼭 집어서 말한다면 '광로' 때문이다. 잠실의 할머니가 힘겹게 길을 건넜던 올림픽로는 폭이 50미터가 넘는 광로다. 그러나 샌프란시스코 주택가 도로는 폭 20미터 남짓의 그리 넓지 않은 길이다.

광로는 폭이 넓기 때문에 보행자 신호 시간이 많이 필요하지만, 현실적으로 신호주기를 한없이 늘리기는 어렵기 때문에 보행자에게 인색할 수밖에 없다. 그러나 폭이 좁은 도로는 신호 운영에 여유가 있어 보행 신호를 충분히 줄 수 있다. 샌프란시스코의 도로망과 서울 잠실의 도로망을 비교해 보라. 같은 축척이니 두 도시의 도로 체계가 어떻게 다른지 쉽게 비교할 수 있을 것이다. 한때 근대화의 상징처럼 여겨졌던 광로가 이제 걸을 수 없는 도시, 걷기 힘든 도시의 구조적 원인이 되었다.

안전섬 하나 없는 횡단보도

비단 서울뿐만이 아니다. 많은 지방 도시들이 이처럼 넓은 광로들을 가지고 있고, 지금도 계속 광로를 만들고 있다. 광로를 건너는 건 참 고달픈 일이다. 안전섬은 찻길을 건너는 사람에게 피난처와 휴식처의 역할을 한다. 비록 차도 위지만 안전섬에 이르면 사람들은 안도감을 느끼고 잠시 멈추어 쉴 수 있다. 또 안전섬까지 가는 중에는 한쪽 방향의 차들만 주시하면 되

① 샌프란시스코의 도로 체계. 20미터 남짓한 넓지 않은 도로들이 촘촘히 교차하고 있다. 도로 폭이 넓지 않으니 횡단보도의 보행 신호 시간을 여유 있게 줄 수 있다.

② 잠실의 도로 체계는 광로와 슈퍼블록으로 이뤄져 있다. 광로를 건너는 데 필요한 보행 신호 시간을 충분히 줄 경우 교통 신호주기가 길어지는 문제가 발생할 수 있다.

① 안전섬이 설치되지 않은 횡단보도. 왕복 10차선에 달하는 도로임에도 횡단보도에 안전섬이 설치돼 있지 않다.

② 영국 런던의 횡단보도에 설치된 안전섬. 도로 위에 이와 같은 안전섬이 설치되면 운전자는 서행할 수밖에 없고, 보행자는 안심하고 길을 건널 수 있다.

③ 프랑스 파리의 횡단보도에 설치된 안전섬. 그리 넓지 않은 길인데도 안전섬이 여러 군데 설치돼 있다. 차보다 사람을 더 배려하는 증거이다.

고, 안전섬을 지나서는 다른 쪽 방향만 주의하며 길을 건너면 된다. 안전섬이 없는 횡단보도를 건널 땐 양쪽을 두리번거리며 길을 건너야 하므로 훨씬 더 긴장된다.

유럽 도시들은 우리와 달리 그리 넓지 않은 길에도 안전섬을 설치한다. 안전섬은 찻길을 건너는 보행자에게 심리적 안정감과 실제적 안전을 제공한다. 찻길에 높이 솟아 있는 런던의 안전섬을 유심히 보라. 운전자들이 주의하지 않을 수 있겠는가.

진화하는 횡단보도

모든 보행자들이 안전하고 편리하게 길을 건널 수 있으려면 필요한 곳마다 세심하게 설계된 횡단보도를 설치해야 한다. 횡단보도의 유무도 중요하지만, 횡단보도를 어떻게 만들 것인지도 매우 중요하다는 의미다.

영국은 횡단보도 연구에 많은 공을 들이는 나라다. 영국뿐 아니라 호주, 뉴질랜드 같은 영연방 국가들에 가보면 아주 다양한 횡단보도를 만날 수 있다. 영국의 횡단보도는 여러 유형으로 나뉘며, 제각각 재미있는 이름을 가지고 있다. 영국에선 신호기가 없는 횡단보도를 제브러 횡단보도 Zebra Crossing라 부른다. 차도 위에 얼룩말처럼 하얀 줄들이 그어져 있고, 운전자의 주의를 환기하기 위해 여러 개의 기둥을 세우고 야간에도 잘 보이도록 등도 달아놓는다. 기둥에도 얼룩말 무늬처럼 줄이 그어져 있다.

신호기가 있는 횡단보도는 다시 몇 개의 유형으로 나뉘는데, 가장 일반적인 것으로 펠리컨 횡단보도 Pelican Crossing가 있다. 펠리컨이라는 이름에 관해서

① 신호등이 없이 횡단보도 바닥에 얼룩무늬 줄이 그어져 있는 제브러 횡단보도.

② 보행자가 버튼을 눌러 작동하는 펠리컨 횡단보도.

③ 펠리컨 횡단보도의 중간에 안전섬을 두고 두 번에 나누어 건너도록 해놓은 굴절식 펠리컨 횡단보도.

④ 보행자와 자전거 이용자가 함께 이용하는 투캔 횡단보도.

⑤ 말을 탄 사람들과 보행자를 위한 신호를 함께 주는 페가수스 횡단보도.

⑥ 보행자와 자동차의 교통량을 센서로 감지하여 신호를 주는 퍼핀 횡단보도.

는 두 가지 설명이 있다. 하나는 보행자들이 버튼을 눌러 작동하는 방식이어서 보행자 신호제어 횡단보도Pedestrian Light Controlled Crossing란 말의 첫 글자를 모아 펠리컨이라 이름 지었다는 설명이다. 다른 하나는 펠리컨 횡단보도를 보통 굴절식 횡단보도Staggered Crossing로 운영할 때가 많은데, 한 번에 건너지 않고 두 번에 나누어 건너는 것이 마치 물고기를 잡아 커다란 주머니에 보관했다가 먹는 펠리컨과 유사해서 그렇게 이름 지었다는 설명이다. 어찌 보면 굴절 횡단보도의 모양이 펠리컨과 닮아 보이기도 한다.

보행자와 자전거 이용자가 둘 다 함께 이용하도록two-can 두 개의 신호를 함께 설치해놓은 투캔 횡단보도Toucan Crossing도 있고, 말을 탄 사람들과 보행자의 신호를 함께 표시해주는 페가수스 횡단보도Pegasus Crossing도 있다. 또 펠리컨 횡단보도를 좀 더 진화시킨 유형으로 퍼핀 횡단보도Puffin Crossing가 있는데, 자동차와 보행자의 통행을 감지하는 센서가 있어 보행자가 안전하게 건널 수 있도록 돕는다. 이렇게 횡단보도는 진화하고 있다. 우리는 횡단보도를 제발 돌려달라고 애원하고 있는 동안 다른 나라에서는 횡단보도를 더 안전하고 효율적으로 운영하기 위해 세심하게 연구하고 있으니 부러울 뿐이다.

아주 작은 배려가 횡단보도를 더 안전하게 바꾼다. 오른쪽 그림을 보라. 안전섬을 하나 설치해도 횡단보도는 크게 바뀐다. 횡단보도가 놓이

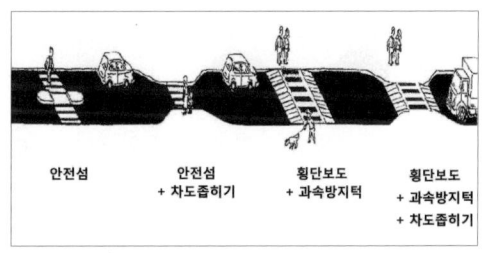

횡단보도에 안전섬을 설치하면 보행자의 안전이 그만큼 증진된다. 안전섬을 설치하고 횡단보도의 차도를 좁히면 더욱 효과적이다. 과속방지턱과 횡단보도를 일체화할 경우 보행자가 보도와 같은 높이로 찻길을 건널 수 있고, 여기에 차도 좁히기를 겸하면 효과는 극대화된다. 횡단보도는 이렇게 진화하고 있다. ⓒ서울연구원

는 자리의 차도 폭을 조금 좁혀주면 세 가지 혜택을 누릴 수 있다. 보행자 횡단 거리가 줄고, 자동차는 속도를 줄이고, 횡단 대기 중인 사람들로 인한 통행 방해도 막을 수 있다. 횡단보도의 높이를 보도와 같게 하면 자동차는 과속방지턱을 만나 속도를 줄여야 하는 반면 보행자는 오르내리지 않고 편안하게 길을 건널 수 있다.

횡단보도 신호주기

잠실 어르신의 경우처럼 횡단보도를 건너다보면 보행자를 위한 녹색 신호 시간이 매우 짧아 허둥댈 때가 많다. 보행자 신호 시간은 과연 어떻게 운영되는 것일까? 보행자 신호 시간은 길을 건너는 데 필요한 시간과 신호가 바뀌는 순간의 여유 시간을 합산해 할당된다. 길을 건너는 데 걸리는 시간은 보행자의 걷는 속도에 따라 다르지만 보통은 초당 1미터를 걷는다는 가정을 기본으로 횡단 거리가 20미터이면 20초를 주고, 40미터라면 40초를 준다. 요즘에는 보행약자들을 배려해서 초당 0.8미터로 보행 시간을 설정하기도 한다.

여유 시간은 보행자와 운전자 모두에게 필요하다. 자동차 신호가 녹색에서 적색으로 지체 없이 바뀐다면 어찌 되겠는가. 녹색 신호의 끝을 보고 교차로에 들어온 차와 막 녹색으로 바뀐 신호를 보고 출발하는 차량이 충돌할 수 있을 것이다. 이런 이유로 신호가 바뀌는 순간에 황색 신호를 끼어 넣는다. 신호 사이의 전이 지대가 필요하기 때문이다. 보행자 신호 시간에도 이와 같은 여유 시간이 필요하다. 녹색 신호가 끝나는 순간 녹색 신호를 보고 횡단을 시작했을 때 신호가 바로 적색으로 바뀐다면 어떤 일이 벌어질까. 그래서 보행 신호 설정에 여유 시간이 필요하다. 여유 시간으로는 보통 7초를 더한다.

　횡단에 필요한 시간과 여유 시간 7초를 합한 시간이 보행 신호 시간이 되는데 이것을 다시 깜박임과 켜짐으로 배분한다. 켜짐과 깜박임의 배분 원칙은 그동안 여러 차례 바뀌었지만, 기본 원칙은 이렇다. 먼저 여유 시간 7초를 켜짐으로 준 뒤, 횡단에 필요한 시간을 깜박임으로 준다. 횡단 거리가 20미터인 곳이라면 녹색 켜짐이 7초 지난 후 녹색 깜박임이 20초 이어진다.

　이러한 배분 원칙에는 나름의 합리적인 이유가 있다. 녹색 켜짐에서 횡단을 시작한 사람은 안전하게 횡단할 수 있고, 녹색 깜박임이 시작되는 순간 횡단을 시작한 사람도 정상적인 속도로 횡단할 수 있기 때문이다. 그러나 녹색 깜박임 도중에 출발할 경우에는 정상적인 보행 속도로 횡단할 수 없음을 보행자에게 알려주기 위한 것이다. 따라서 이러한 원칙대로 신호주기가 설정된 곳이라면 녹색등이 켜져 있을 때는 물론이고 녹색 깜박임이 시작되는 순간에 출발해도 무사히 횡단을 마칠 수 있다. 그렇지만 길을 건너려는데 녹색등이 깜박이는 중이라면, 정상적인 속도로 길을 건너기에 시간이 부족하다는 뜻이니 다음 신호를 기다려야 한다.

　문제는 신호주기가 원칙대로 설정되지 않은 곳이 많을 뿐더러 보행자들 다수가 이러한 신호주기 설정 원칙을 잘 모른다는 것이다. 녹색 켜짐이 아주 짧고 금방 깜박임이 시작되니 불안하다는 민원이 늘자 켜짐과 깜박임을 정반대로 설정하던 시절도 있었다. 먼저 20초를 길게 켜고, 7초를 깜박임으로 주는 방식인데 원래의 원칙과는 맞지 않았지만 깜박임 시간이 짧아져 민원은 훨씬 줄어들었다. 이런저런 방식을 두루 써오다가 요즘에는 눈금이나 숫자로 남은 시간을 알려주는 곳이 많다.

자주 이용하는 횡단보도의 보행자 신호주기를 한 번쯤 관찰해보기 바란다. 어렵지 않다. 먼저 횡단 거리를 재본다. 횡단 거리, 즉 차도 폭이 30미터라면 보행자 신호 시간은 37초로 설정돼야 한다. 그리고 보행자 신호 시간이 7초간의 켜짐과 30초간의 깜박임으로 구분된다면 알맞게 설정된 것이다.

착한 신호등

보행자 신호주기를 바꿔 법규 위반도 줄이고 보행자들을 선량한 시민으로 변신하게 한 예를 소개할까 한다. 사람의 착한 심성을 되찾게 해준 착한 신호다. 일산 주엽역 앞에서 호수공원 쪽으로 가려면 왕복 4차선의 길을 건너야 한다. 이 길과 호수공원 사이에는 강선마을, 문촌마을 주민들의 마당과도 같은 주엽공원이 넓게 펼쳐져 있다. 가까이에 지하철역과 공원, 백화점, 상가들이 밀집돼 있어 많은 보행자와 자전거 이용자가 이 길에 설치된 횡단보도를 이용하고 있다.

이곳 횡단보도에도 신호등이 있는데 신호주기는 보통의 교차로처럼 약 130초로 설정돼 있다. 문제는 많은 수의 횡단 보행자에 비해 자동차 교통량은 적다는 데 있었다. 보행자 녹색 신호 시간으로 할당된 약 20초를 뺀 대부분의 시간이 차량의 녹색 신호에 할당돼 있었는데 이 때문에 보행자들은 한참을 기다려야 횡단보도를 건널 수 있었다. 자동차가 별로 다니지 않는 길을 바라보다 지친 사람들이 하나둘씩 적색 신호 중 길을 건너기 시작하여 이른바 무단횡단이 상습적으로 이루어지게 됐다. 이곳을 자주 지나다니는 나 역시 상습적으로 법규를 위반하는 사람 중 하나였다. 그런데 얼마 뒤 신호주기가 바뀌

일산 신도시 주엽역 앞 횡단보도. 신호주기를 짧게 바꿔 보행자들이 오래 기다리지 않게 해준 착한 횡단보도다.

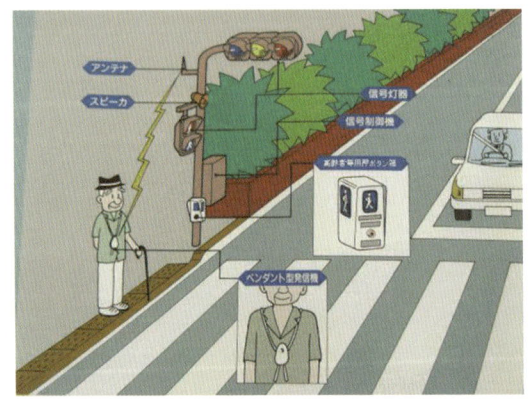

일본 가나가와 현에서 운영 중인 노인들을 위한 지능형 횡단보도. 노인들의 목걸이를 감지한 센서가 걸음이 느린 노인들을 위해 횡단보도 보행 신호를 연장해준다. ⓒ서울연구원

었다. 손목시계로 대충 재어보니 보행자 녹색 신호에 약 20초, 차량 녹색 신호에 약 20초, 총 40초 신호주기로 단축 조정해놓은 것이었다. 그래서인지 사람들도 대부분 신호를 지키고 있었다.

일본의 어느 도시에는 더 착한 신호등이 있다. 노인들이 많이 거주하는 지역에 설치된 신호등인데, 노인들이 목걸이를 걸고 횡단보도를 건너면 신호등에 설치된 센서가 목걸이를 감지한 뒤 보행자 녹색 신호 시간을 늘려준다. 마음만 있으면 우리도 충분히 할 수 있는 일이다.

거주자우선주차가 빼앗은 아이들의 길

아이들의 눈으로 본 도시

야간 운전 중 뒤차의 불빛 때문에 짜증났던 적이 있는가? 전조등 불빛을 높게 조정한 자동차나 대형차가 내뿜는 강렬한 불빛이 옆 거울에 반사될 때 겪는 일이다. 서로의 눈높이가 달라서 생기는 문제다. 횡단보도 앞 정지선에 서 있을 때, 길을 건너는 이들 중에 어린이가 있다면 전조등을 잠시 끄는 것이 좋다. 어른의 허리 아래를 비추는 전조등일지라도 어린이들의 눈에 가닿을 수 있기 때문이다. 어린이의 눈높이로 세상을 보지 않으면 그들을 배려할 수 없다. 횡단보도 앞에 승용차가 주차돼 있을 경우 어른들은 승용차 너머로 다가오는 차가 있는지 살피며 길을 건널 수 있지만, 어린이들은 승용차 높이에도 온 시야가 가려져 길을 건너다 큰 위험에 처할 수 있다. 운전 중 주차된 차 옆을 지날 때는, 특히 횡단보도를 지날 때는 차 너머 가려진 곳에 어린이가 서 있을 수 있다는 생각을 한 번쯤 하고 지나는 게 좋다.

과거에 비하면 어린이 교통사고가 크게 줄었다. 1990년대에는 해마다 거의 600여 명의 어린이가 교통사고로 죽고, 3만여 명의 어린이가 다쳤다. 2000년대에 들어 사망자 수가 300명에서 100명 수준으로 줄었고, 2011년에는 80명으로 감소했다. 부상자도 2000년대에 들어서 2만 명대로 줄어 최근에는 1만 3000명 내외로 감소했다. 어떤 사람들은 어린이 교통사고 수치가 이렇게 눈에 띄게 줄어드는 걸 반가워만 할 일이 아니라 말하기도 한다. 왜 그렇게 생각하는지 물으니, 이렇게 대답한다. "아이들이 길에 나가 놀지 않아서 사고가 줄었기 때문"이라고.

아이들의 손을 잡고 도시를 걸어보았는가? 어른들에게는 아무런 불편을 주지 않는 나지막한 턱이 어린이에겐 커다란 장벽이 될 수 있다. 20센티미터 남짓한 계단은 물론이고 30센티미터에 이르는 보도 턱은 어린이에게 넘기 힘겨운 장애물이 된다. 어른들도 밀고 들어가기 힘에 겨운 출입문은 어린이들에게는 문이라기보다는 차라리 벽에 가깝다. 도시를 온통 어린이에게 맞춰 만들 순 없다 해도 어린이들이 자주 이용하는 곳만이라도 턱을 낮추자. 문을 바꾸고, 변기의 높이도 낮추자. 날카로운 모서리도 다듬고, 단단한 바닥에 쿠션도 넣자.

리버블 스트리트

가로환경 연구의 고전으로 꼽히는 도널드 애플야드의 명저 『리버블 스트리트Livable Streets』의 속표지엔 아주 인상적인 사진이 실려 있다. 1800년대 말이나 1900년대 초 미국 대도시의 어느 골목길인 것 같다. 아이들이 모여 놀고 있고, 골목길 위로 걸린 빨랫줄엔 옷가지, 이불, 베갯속 등이 어지럽게 널려 있다.

골목길 한구석엔 달구지가 놓여 있고 그 위에 꼬마들이 올라앉아 형들이 야구하는 걸 구경한다. 꼬마 숙녀와 신사, 작은 아이와 큰 아이들이

도널드 애플야드의 명저인 『리버블 스트리트』의 속표지. 골목길에서 노는 아이들의 모습이 활기차다. 이런 길이 바로 살아 있는 길이고 살기 좋은 길이다.

함께 어울려 노는 골목길. 애플야드는 아마도 그 길을 살아 있는 길, 살기 좋은 길로 여기고 현대 도시에서 죽어가는 길을 되살리자 주창하지 않았을까.

도시는 약육강식의 논리가 지배하는 정글일 수 없다. 도시가 공존의 삶터가 되기 위해서는 약자들에 대한 배려가 필수이다. 도시에서 소외되는 약자들 중에서도 특히 어린이에 대한 배려가 시급하다. 저들이 불만을 토로하지 않는다고 해서 그들의 아픔을 외면할 순 없다. 어린이들에게 안전하고 편안한 도시 만들기, 더 이상 미룰 수 없는 일이다.

차고지증명 대 거주자우선주차

이제 아이들은 골목길에서 놀지 않는다. 순악질 여사처럼 일자 눈썹을 한 아이들이 야구방망이를 들고 골목을 쓸고 다니는 풍경을 더는 볼 수 없다. 소독차가 내뿜는 하얀 연기를 좇아 우르르 몰려다니는 아이들도 이제 볼 수 없다.

두 패로 나누어 말타기를 하는 아이들, 땅따먹기를 하는 아이들, 손등이 다 트도록 온종일 골목을 뛰어다니며 노는 아이들도 이제는 사라졌다. 아이들 대신 골목길을 종일 차지하고 있는 건 자동차다. 거주자우선주차가 아이들의 골목길을 죄다 빼앗은 것이다.

　누구나 자동차를 보유하고, 타는 시대를 자동차 대중화 시대라 부른다. 자동차가 폭발적으로 증가해 도로 정체와 주차난 등 교통 문제가 극심해지는 때이기도 하다. 우리나라의 경우 1980년대 말이나 1990년대 초를 자동차 대중화 시대의 시작으로 본다. 1991년에 아는 선배로부터 빨간색 프라이드 중고차를 샀었다. 나 같은 사람도 차를 장만했으니 그때가 분명 자동차 대중화 시대였을 것이다.

　자동차 대중화가 본격화된 바로 그 시기에 뜨거운 논쟁이 있었다. 늘어나는 자동차의 주차 공간을 어떻게 확보할 것인가 하는 논의였다. 아파트 단지나 사무소 건물은 법에 정해진 주차 공간을 확보해야 하기에 큰 문제가 없지만, 주택가의 이면 도로(왕복 차로의 구분이 없는 도로)처럼 별도의 주차 공간이 충분히 마련되지 않은 곳이 문제였다. 다양한 논의가 있었지만 핵심 쟁점은 '차고지증명제'의 도입 여부로 모아졌다. 차고지증명제란 주차 공간을 확보해야 차를 구입할 수 있는 제도를 말한다. 자동차를 등록할 때 차고지 확보 증빙서류 제출을 의무화하는 것이다. 자동차 같은 덩치가 큰 개인 물품을 집 밖에 방치하여 타인에게 피해를 줘서는 곤란하니 스스로 적절한 보관 장소를 확보해야 한다는 원칙을 제도화한 것이다.

　일본은 1962년에 일찌감치 차고지증명제를 도입했다. 자동차 대중화 시대에 불이 붙기 전에 미리 제도를 도입했다니 참 지혜롭다. 차고지증명제의 내용은 이렇다.

차량 소유자는 거주지 2킬로미터 안에 차고지를 확보하고 관할 경찰서에서 관련 증명서를 발급받은 뒤 증명서를 자동차 등록 사업소에 제출하여 번호판과 함께 확인증을 받는다. 확인증은 자동차 앞 유리에 붙여야 한다.

우리나라에서도 차고지증명제 도입을 위한 시도가 여러 차례 있었다. 서울시가 지난 1989년과 1995년, 1997년, 2001년 총 네 번에 걸쳐 건설교통부에 특별법 제정을 건의한 바 있으나 자동차 업계의 반발과 허위 신고, 위장 전출 등 부작용이 우려된다는 이유로 도입하지 못했다. 차고지증명제 도입이 무산되면서 대안으로 튀어나온 게 바로 '거주자우선주차제도(RPPP: Residential Parking Permit Program)'였다.

거주자우선주차제도란 도심의 심각한 주차난 해소를 위해 주택가 이면 도로 등에 주차 구획을 설정한 뒤, 주민들에게 저렴한 사용료를 받고 주차 공간을 제공하는 제도를 말한다. 1996년 서울시 일부 지역에서 시범 실시된 이후, 2002년부터는 서울시 전역에서 시행됐다. 폭 5.5미터 이상의 주택가 이면 도로에 주차 구획선을 긋고, 신청하는 주민들에게 저렴한 주차 요금을 받고 주차 공간을 할당하고 있는데 현재 서울시에는 약 14만 면에 달하는 거주자우선주차구역이 있다.

거주자우선주차제도는 얼핏 보면 매우 합리적이고 좋은 제도처럼 보이나 제도의 속을 깊이 들여다보면 부정적 영향 또한 적지 않다. 차고지증명제를 도입하지 않고 반대로 거주자우선주차제를 시행했던 것은 비유하자면 손안 대고 코풀기였다. 큰돈 들이지 않고 엄청난 면적의 주차 공간을 확보했으니 주차 정책의 관점에서 보면 대단히 성공적인 시책이었을지 모른다. 그러나 부작용도 크고 문제도 심각하다. 주차 공간을 확보한다는 명분으로 아이들의 골목길과 주민들의 생활 공간을 거의 다 빼앗지 않았는가.

더 큰 문제는 공유 공간의 사유화에 있다. 주택가 골목길과 이면 도로는 특정인의 땅이 아니라 우리 모두의 땅이자 함께 써야 할 공유 공간이다. 거주자우선주차는 공유 공간을 개인 공간처럼 쓰게 했다는 점에서 또 그렇게 공유 공간을 사유화하는 것이 당연한 일인 듯 인식하게 했다는 점에서 심각한 후유증을 남겼다. 소중하게 써야 할 도시 공간을 사람을 위한 공간이 아닌 자동차를 위한 공간으로 다 내주었다는 점 역시 비판 받아 마땅하다.

스쿨존에서 아마존까지

도시 공간 가운데 가장 보호 받아야 할 곳이 통학로다. 아이들이 매일같이 오고가는 길과 장소야말로 가장 안전하게 보호하고 관리해야 한다. 그러나 수많은 통학로들이 교통사고가 빈발하는 위험한 길, 편리하지도 쾌적하지도 않은 길이 돼버렸다. 물론 안전한 통학로를 만들기 위한 노력이 없지는 않았다. 어린이 통학로를 정비하려는 스쿨존 사업은 오래전부터 실시돼왔으나 미흡한 부분이 많다. 스쿨존 사업은 1995년 도로교통법에 어린이보호구역이 도입되면서 시작됐다. 초등학교와 유치원의 정문에서 반경 300미터 이내의 주 통학로를 어린이보호구역으로 지정한 뒤, 교통 안전 시설을 설치하고 시속 30킬로미터 이내로 속도를 제한하여 교통사고를 방지하고자 하는 목적이다.

스쿨존 사업의 결과는 대개 비슷하다. 통학로임을 알리는 안내 표지와 속도제한 표지를 세우고, 군데군데 과속방지턱을 설치한다. 또한 보행자의 안전을 위해 보도와 차도 사이에 울타리를 두르고, 구간 내 차도를 붉은색으로 포장하여 운전자에게 통학로임을 강조하기도 한다. 그러나 무리지어 학교를 오가는 아이들은 비좁은 보도 대신 차도로 보행하기 십상이고, 어린이를 보호해야 할 가드펜스는 오히려 자동차를 피하는 데 장애물이 되기도 한다. 속도제한이 지켜지는 경우도 드물 뿐더러 통학로에 있어서는 안 될 불법 주정차도 다반사로 목격된다.

스쿨존 사업이 제대로 된 성과를 거두기 위해서는 정비 지침을 일률적으로 적용하기보다는 각 지역의 특수한 상황과 문제들을 치밀하게 검토하는 것이 필요하다. 여기에 어린이들의 보행 행태와 운전자들의 인식 수준 및 운전 행태 등을 고려하여 차별화된 통학로 재설계 작업을 추진해야 할 것이다.

최근 서울시는 스쿨존 사업을 개선한 아마존이란 이름의 사업을 추진하고 있다. 아마존이란 '아이들이 마음 놓고 다닐 수 있는 공간'이란 뜻이다. 2012년에 노원구, 은평구, 구로구, 동대문구, 성북구에서 각 한 곳씩 다섯 개 지역에 대한 설계를 마친 뒤 두 개 지역을 대상으로 시범사업을 시작했다. 이는 교통사고 방지에 초점이 맞춰진 기존의 스쿨존(어린이보호구역)사업과 달리 유괴와 폭력 등 각종 범죄에도 대처할 수 있는 종합적인 안전 구역을 조성한다는 차이점이 있다. 교통 안전 시설물 설치 외에 실질적인 규제 방안이 없고 획일적으로 진행돼온 기존 사업의 한계를 극복하기 위한 새로운 사업이다. 지역별 특성에 맞는 맞춤형 처방을 찾고, 지역 주민의 주도적 참여 속에 주민의 아이디어와 전문가 노하우를 함께 적용해 설계안을 만들어간다는 점이 기존 사업과 확연히 다른 점이다.

아마존 사업이 기존 사업의 한계를 극복하고 진전된 성과를 거둘 수 있을지는 아직 미지수다. 부디 좋은 성과를 거두어, 말 그대로 아이들이 마음 놓고 다닐 수 있는 공간을 하나씩 넓혀가길 기대한다.

불금의 인라인 행진과 차 없는 날 실험

도시 공간도 쓰기 나름

도시 속에는 구조물만 있는 게 아니다. 공간도 적지 않다. 넓게 펼쳐진 공원도 있고, 하천도 있고, 길도 있으며, 건물로 둘러싸인 커다란 광장이며 건물 사이의 작은 마당과 틈새 공간도 있다. 이처럼 도시에서 구조물을 뺀 나머지 공간을 '도시 공간'이라 부른다. 도시 공간은 건물의 내부 공간(옥내 공간)과 대비하여 외부 공간(옥외 공간)이라 불리기도 하고, 개인 공간이 아닌 모두가 함께 쓰는 공간이란 뜻에서 공유 공간이라 불리기도 한다. 열리고 트인 공간이니 오픈스페이스라 일컫기도 한다. 이처럼 다양하게 불리지만 사실 명칭은 중요한 게 아니다. 중요한 것은 이들 도시 공간을 어떻게 쓰느냐에 따라 우리네 삶의 질이 크게 좌우된다는 점이다.

　다른 나라, 다른 도시 사람들에 비한다면 우리들은 도시 공간을 지혜롭게 쓸

줄 모른다. 하루의 대부분을 답답한 실내 공간에서 보내고 있는 것이다. 거주하고 일할 때야 어쩔 수 없겠지만, 쉬고 즐기는 시간마저도 폐쇄된 실내 공간에서 보내는 경우가 점차 늘고 있다. 어른들도 그렇지만 어린이들과 청소년의 경우는 더욱 심각하다. 대자연의 기를 받으며 탁 트인 공간에서 펄쩍펄쩍 뛰놀아야 할 새싹들이 갑갑한 콩나물 교실과 학원에서 진을 빼고, 플레이파크 아니면 게임방에서 여가 같지 않은 여가를 보낸다. 그렇게 파김치가 다 된 몸을 이끌고 집에 돌아오면 이윽고 곯아떨어진다. 이러한 쳇바퀴 같은 일상을 반복하고 있지 않은가.

불금의 인라인 행진

1999년 어느 따뜻한 봄날, 놀라운 소식을 들었다. 프랑스 파리에서는 매주 금요일 밤 10시가 되면 청소년들이 남부 이태리광장에 모여 인라인스케이트로 스트레스를 푼다고 한다. 약 3만여 명의 젊은이들이 센 강을 건너 파리 북쪽 순환도로까지 갔다가 다시 이태리광장으로 돌아오는 신나는 축제는 토요일 새벽 1시까지 이어진다. 곳곳에 차단된 도로 때문에 운전자는 짜증이 나지만 젊은이들은 제 세상을 만난 듯 즐겁다. 무리 사이에는 인라인스케이트를 탄 젊은 경찰들이 배치돼 안전에도 소홀함이 없다. 우리 아이들에 비한다면 파리의 청소년들은 참 복도 많다. 같은 해 6월 파리로 출장을 갔다 도로 위를 질주하는 인라인 행렬을 만났다. 차가 막혀 한참 기다려야 했지만 차도 위를 신나게 달리는 거대한 무리들을 보고 있노라니 인라인스케이트를 함께 타고 있는 듯 신이 났다.

이처럼 자동차에 빼앗긴 도시 공간을 조금씩 되찾아 새로운 방식으로 쓰고

① 인라인스케이트를 탄 사람들이 파리의 도로 위를 활보하고 있다.
② 교통량이 많지 않은 주말에 간선도로를 차단하여, 시민들이 인라인스케이트를 탈 수 있도록 배려한 파리시의 지혜가 엿보인다.

자 하는 시도들은 세계 곳곳에서 이어지고 있다. 프랑스는 1998년부터 매년 9월 22일을 '차 없는 날'로 지정해 하루 동안 자동차 통행을 금지하고 있고, 이탈리아 정부는 자동차 배기가스로 인한 대기오염을 줄이기 위한 시도로 일요일에는 전국적으로 차량 통행을 금지하는 방안을 추진 중이다. 덴마크 코펜하겐에서는 1962년부터 차 없는 거리와 구역을 조금씩 확대해온 결과 전체 도시 면적의 1퍼센트에 불과하던 보행전용도로가 10퍼센트를 넘어섰다. 최근 우리나라에서도 이런 시도들이 나타나고 있는데 서울 명동, 관철동, 인사동을 비롯한 여러 장소에서 차 없는 거리를 운영하고 있고, 특정한 날을 정해 광화문 앞 세종로나 종로 거리를 시민에게 되돌려주는 뜻 깊은 행사도 열고 있다.

도시 공간은 쓰기 나름이다. 큰길, 작은 길, 골목길 모두 자동차에 내주고 갑갑한 내부 공간에만 틀어박혀 두더지처럼 살아갈 수도 있을 테고, 탁 트인 옥외 공간에서 도시 삶의 진수를 실컷 맛보며 살아갈 수도 있다. 결과는 우리들 하기 나름이다.

차 없는 거리에서

- 아마 2만 명은 훨씬 넘었던 것 같아요. 일산에 이사 온 지 6년이 넘었지만 이렇게 많은 사람들이 한꺼번에 모여서 노는 건 처음 봤어요. 아이가 도로 바닥에 앉아서 100미터 그림 그리기를 하는데 그 뜨거운 날에 자리를 뜰 줄 모르더군요. 다소 삭막했던 일산이 조금은 푸근하게 와닿았던 것 같아요.

- 그 넓은 8차선 도로를 막고 사람들이 나와 농구도 하고 인라인스케이트와 자전거를 타는데 정말 신나고 좋았어요. 중앙 무대에서 하는 여러 이벤트도 정말 재미있었고요. 화창한 일요일에 멀리 가지 않고서도 좋은 시간을 보낼 수 있어 참 좋았습니다.

- 고양시가 오랜만에 기분 좋은 일을 한 것 같네요. 데리고 나간 꼬마나 저나 모두 대만족이었습니다. 하지만 행사를 마치고 차가 씽씽 달리는 도로를 다시 보니 더욱 꿈만 같은 행사였습니다. 시장님, 매주 행사를 하는 건 어떨까요?

2001년 4월 22일 지구의 날을 맞아 처음 열린 '일산 차 없는 거리 축제'에 참가했던 시민들이 고양시청 홈페이지에 올린 글들이다. 민간단체들이 일산경찰서의 협조를 얻어 어렵사리 준비했던 첫 실험이 시민들의 가슴에 잔잔한 파문을 남긴 것이다.

환경 문제, 교통 문제에 대한 감수성을 키우고, 시민이 참여하고 주도하는 도시 문화 만들기의 가능성을 따져보는 데는 시민들이 직접 차 없는 거리를 걷고 달려보는 것 이상의 좋은 방법이 따로 없다. 차 없는 거리에 첫발을 내딛는 순간, 사람들은 누가 얘기하지 않아도 스스로 거리와 도시의 주인임을 알게 된다. 그리곤 이내 차 없는 거리의 깨끗함과 조용함 그리고 안전함에 새삼 놀란다. 고양시 지구의 날 행사 때도 그랬고, 서울시가 세종로와 종로를 막고 차 없는 거리 행사를 했을 때도 그랬다.

평탄하고 판판한 차도 위를 걸으며 우리는 놀란다. 온갖 장애물로 가득 찬 보도에서 겪었던 설움이 밀려오기 때문이다. 자전거나 휠체어, 인라인스케이트로 차도를 달려보면 설움의 강도는 더해진다. 왠지 모를 충격에 빠져 뭔가를 생각하지 않을 수 없다. 잠시 후 거리를 다시 차에게 내준 뒤 한 귀퉁이로 돌아와서는 무엇이 문제였는지 깨닫게 된다.

물론 차 없는 거리 행사 한 번으로 도시를 확 바꿀 수는 없다. 좋은 도시에 대한 시민의 감수성과 꿈 그리고 그 꿈을 이루려는 마음이 모이지 않는다면 도시는 바뀌지 않을 것이기 때문이다. 그래도 차 없는 거리의 경험은 적지 않은 파장을 가져올 것이다. 참으로 좋은 것을 한 번 맛본 사람들은 그 느낌을 쉽사리 잊지 못할 것이다. 맛을 봐야 안다. 도시 공간도 마찬가지다.

아름다운 육교는 없다

육교가 랜드마크?

2012년 3월쯤이었을까. 성남시 공공디자인위원회에 참석했다가 크게 당황했다. 상정된 심의 안건 가운데 보행육교가 포함돼 있었다. 성남시청 쪽에서 성남대로를 건너 현재 건설 중인 여수 보금자리 지구로 넘어가는 육교였다. 공공디자인위원회 안건이어서인지 위원들 대다수가 육교의 조형 디자인에 대해 의견을 제시할 뿐 육교 설치 자체에 대해서는 별다른 이야기가 없었다.

    횡단보도 대신 육교를 설치한다는 게 너무 의아해서 이유를 물었더니, 해당 지역이 횡단보도를 설치하기에 위험한 곳이라 육교 설치가 논의됐다고 한다. 근처의 북쪽 사거리와 남쪽 야탑 사거리에도 횡단보도가 이미 설치돼 있는데, 이곳에만 횡단보도를 설치할 수 없다니 이해하기 어려웠다. 보행자의 편의를 위해서 특히 보행약자들까지 배려하기 위해, 있던 육교도 철거하고 횡단보도를 설치하고 있는 마당에 다른 곳도 아닌 성남시청 앞에 보행육교를 설치하는 것은 납득하기 어렵다는 입장까지도 전달했다.

    7월 말쯤 위원회에 참석했다가 같은 안건과 다시 맞닥뜨렸다. 지난번 올라왔던 디자인 안을 조금 바꿔 올린 것이었다. 몇십억 원씩 하는 큰 비용을 들여 굳이 보행육교를 설치하려는 이유가 도대체 무엇인지 물었더니 이번에는 교통영향평가 결과 때문에 보행육교를 설치할 수밖에 없다는 대답을 들었다. 나는 보행육교 대신 횡단보도를 설치하자는 의견을 서면과 구두로 다시 제시했다. 참 답답했다. 어찌해야 하나 고민을 하다가 성남시장 앞으로 편지를 보냈다. 보행육교 설치의 문제점과 현재 추세, 도시설계와 공공디자인이 나아가야 할 방향에 대한 내용을 담았다.

    답장은 받지 못했다. 그 뒤로는 성남시 공공디자인위원회에 몇 차례 빠져 보행육교 안건이 어찌 처리됐는지 확인할 수 없었다. 아마도 디자인이 몇 번 수정되고 그대로 통과됐을 것으로 짐작된다. 그리고 머지않은 어느 날, 성남대로 위로 난데없는 보행육교가 불쑥 나타날 것만 같아 심히 불안하다.

육교, 반보행자 시설

육교 스캔들은 비단 성남시만의 일은 아니다. 이전에도 그랬고 요즘에도 달라지지 않았다. 많은 도시에서 아름다운 육교를 명분으로 여기저기 육교를 세운다. 육교가 마치 조형물인 것처럼, 예술 작품이나 되는 듯 엄청난 비용을 들여 육교를 세운다. 예술의 전당 옆 아쿠아아트 육교, 고속버스터미널 뒤 센트럴포인트 육교, 누에다리, 샛강다리 등 서울에만 이런 육교가 여럿 있다. 부산 명륜

① 육교가 아무리 아름답다고 해도 육교는 육교다. 자동차는 막힘없이 지나가는 반면 사람은 계단을 오르내려야 한다.

② 천안시 불당동의 원형 육교는 공사비만 68억 원이 들었다. 교차로에 횡단보도를 설치하면 될 것을 굳이 엄청난 예산을 들여 요란한 형태의 육교를 만들었다. ⓒ함영석

③ 여의도 샛강다리는 육교보다는 보행교에 가깝다. 올림픽대로와 샛강을 건너 여의도까지 보행자들의 동선을 이어준다.

④ 서초동 대법원 앞에 설치된 누에다리 역시 육교보다는 보행교에 가깝다. 도로에 의해 잘린 양쪽 언덕을 이어 보행자들의 이동을 편리하게 해준다.

동에 설치된 육교는 공사비가 43억 원 들었다고 해서 43억 육교 또는 43 육교라고 불린단다. 천안시 불당동에도 68억 원을 쏟아부어 만든 육교가 있다.

물론 모든 육교가 다 문제인 것은 아니다. 육교가 필요한 경우도 있다. 물이나 고속도로 위를 지나야 하거나 지형의 차이로 인해 육교 설치가 불가피할 때도 있기 때문이다. 도로 양쪽의 건물이나 시설을 지면이 아닌 공중에서 연결하기 위해 설치하는 경우도 있다. 그러나 멀쩡한 도로 위로 얼마든지 건널 수 있는데도 하늘 위로 육교를 만드는 경우가 많다. 육교를 만들 때 자전거와 유모차 그리고 휠체어도 오를 수 있게 경사로를 만들다보니 올라가는 거리가 무척 길어진다. 결국 엘리베이터까지 설치한다.

도로 위에 횡단보도를 긋고 사람이든 유모차든 휠체어든 길 위를 편안히 걸어 건너가게 하면 될 텐데, 왜 이렇게 엄청난 돈까지 들여 복잡하게 길을 건너게 하는가. 보행자에게 고통과 불편을 강요하는 육교를 제 아무리 아름답게 치장을 한다 해도 아름다워질 수 없다. 육교는 자동차를 위한 도구일 뿐이다. 차량 통행에 방해가 가지 않도록 사람을 하늘 위로 올려 보내는 '반反보행자 시설'이다. 지하도도 마찬가지다. 자동차를 위해 사람들을 땅 밑으로 내려 보내는 보행자 무시 시설이다. 아름다운 육교는 없다. 육교를 만들지 말라.

길에 대한 건물의 태도

건물의 태도

건물의 생김새 못지않게 중요한 게 있으니, 바로 길에 대한 건물의 태도이다. 길과 만나는 지점에서 건물이 어떤 자세로 서 있는가를 유심히 살펴보면, 건물이 주변과 도시를 어떻게 배려하는지 쉽게 알 수 있다. 잘생긴 건물일지라도 아주 오만불손하게 서 있는 건물도 있고, 생김새는 수수해도 길과 도시를 깍듯이 섬기는 건물도 있다. 건물 1층 바닥과 인접한 보도의 높이 차이에 따라 건물의 태도는 몇 가지로 구분된다.

오만한 건물

가장 오만한 태도의 건물은 길과 사람을 전혀 배려하지 않고 제 잘난 맛에 뻐

기듯 서 있다. 이런 건물들은 대개 1층 바닥이 보도보다 훨씬 높아서 수십 개의 계단을 걸어 올라가야 건물 입구에 들어설 수 있다. 국회의사당 본관이 대표적인 예로 권위를 내세우는 많은 건물들이 여기에 해당한다. 길을 내려다보며 배를 내밀고 있는 건물이라 볼 수 있다.

어정쩡한 건물

아주 오만하진 않아도 길가에 어정쩡하게 서 있는 건물들이 있는데, 이 건물들의 1층 바닥은 대개 인접한 보도보다 애매하게 높다. 한두 개의 계단이 있거나, 계단은 없지만 단차로 인해 보도를 경사지게 만들기도 한다. 지형 때문에 진행 방향으로 생기는 경사야 어쩔 수 없다지만 건물 바닥 높이를 들어 올려 생기는 보도의 경사는 우리 도시의 고질적인 문제다. 눈 쌓인 날, 이런 경사진 보도를 걷는 것은 젊은이들에게도 힘든 일이다. 하물며 보행약자들에게 얼마나 위험할지는 굳이 말하지 않아도 알 수 있다.

① 국회의사당 입구의 수많은 계단은 보행자의 편안한 접근을 가로막는다. 보행자들은 불편하게 계단을 올라야 하는 반면 자동차를 탄 높은 분들은 계단 위에서 내려 편안히 건물에 들어간다. 배를 내밀고 서 있는 듯 오만한 건물이다.

② 길을 걷다보면 이렇게 기운 보도를 볼 수 있다. 보행자에게 불편을 주는 어정쩡한 태도의 건물이다.

보도 높이와 건물 1층 바닥 높이가 같으면 건물에 진입할 때 아무런 장애가 없다. 길과 사람을 따뜻하게 배려한 공손한 건물이다.

공손한 건물

이들과 달리 길을 깍듯이 배려하고, 길에 자신을 맞추어 다소곳이 서 있는 건물들도 있다. 이 건물들은 1층 바닥과 보도 높이가 똑같다. 건장한 사람들도 편히 드나들고 장애인과 노약자, 휠체어와 유모차도 별다른 수고 없이 오갈 수 있다. 이른바 배리어 프리barrier-free 건물이고, 모든 사람을 배려한 유니버설 디자인universal design이다.

길을 섬기는 건물

마치 길을 섬기듯 길보다 자신을 낮춘 건물도 있다. 다음 사진 속 건물은 오래전 시애틀 출장 때 보았던 것이다. 오르막 경사지 길가에 지어진 상가 건물인데, 경사지 건물에서 흔히 볼 수 있는 계단이 보이지 않는다. 이상하다 싶어 유심히 살펴봤는데 입구 어디에도 계단이나 나지막한 턱 하나 찾아볼 수 없다. 참 마술 같은 건물이다 싶어 안에 들어가 살펴보니 오히려 건물 내부에

진행 방향의 경사가 있는데도 건물 진입에 아무런 장애가 없도록 설계한 시애틀의 상가 건물. 길과 사람을 끔찍이 섬기는 건물이다.

단차가 있어 경사로를 설치해두고 있었다. 길을 배려하기 위해 불편을 내부로 끌어안은 건물, 도시를 섬기는 건축의 전형을 본 것 같아 깊이 감동했다.

우리의 건물은 어떠할까? 서울 명동을 걷다보면, 시애틀처럼 완만한 경사지에 지어진 건물을 볼 수 있다. 그러나 시애틀의 건물과는 달리 건물 1층의 바닥 높이를 같게 하다 보니 경사의 아래쪽으로 갈수록 길과 건물 사이 높이 차가 점차 커지고, 계단도 점점 늘어난다.

평지에 지어진 건물의 입구도 살펴보자. 대개 건물 입구에 계단 한두 개 정도의 단차를 두고 있다. 건강한 사람에게야 큰 문제가 아니지만 휠체어를 탄 장애인에게는, 유모차에 아이를 태우고 쇼핑을 하는 부모에게는 또 아장아장 걷는 아이들에게는 낮은 계단조차 치명적인 장애물이 될 수 있다.

단차를 해결하기 위해 건물 입구에 경사로를 설치한 건물도 있다. 사람들에 대한 배려를 보이는 것 같아 이런 가게에는 들어가고 싶어진다. 그러나 경사로는 실제로 이용하기에 어려운 경우도 있어, 결론적으로 보도와 건물 사이의 단차를 없앤 진입구가 가장 바람직하다고 볼 수 있다.

① 경사지에 설치된 명동의 상가 건물. 경사 아래쪽으로 갈수록 길과 건물 사이에 계단이 점점 많아진다. 길과 사람에 대한 배려가 크지 않은 건물이다.
② 한두 개의 계단도 보행약자에게는 장애물이 될 수 있다.
③ 보도와 건물 1층 사이의 단차를 없애기 위해 진입구에 경사로를 설치한 건물. 경사로가 보도 쪽으로 설치되면 보행자에게 방해가 될 수 있으므로 건물 안쪽으로 설치하는 것이 바람직하다.

　　길을 대하는 건물의 태도를 사람의 자세로 비유할 수 있다. 길을 내려다보며 배 내밀고 뻐기듯 서 있는 건물, 길과 겉돌며 어정쩡한 자세로 쭈그리고 있는 건물, 길가에 다소곳이 앉은 건물, 마지막으로 길을 섬기듯 꿇어앉은 건물. 당신이 보고 있는 건물은 지금 어떤 태도를 취하고 있는가.

걷고 싶은 도시, 울고 싶은 도시

도시의 주인은 누구?

1993년 시민 단체 주도의 보행권 운동이 시작되기 전까지만 해도 도시의 주인은 으레 사람이 아닌 자동차인 줄만 알았다. 그러다 이름도 생소한 보행권 운동이 시작되면서, 주행권 못지않게 보행권도 소중하다는 인식이 확산됐다. 걷고 싶은 도시 만들기, 20년의 대장정을 되돌아본다.

    일본의 유명 건축가인 구로카와 기쇼는 『도시디자인』이란 책에서 시대에 따라 도시의 주인이 바뀌었다고 말한다. 과거에는 신이나 왕이 도시의 주인이었고, 다시 상인의 도시와 법인의 도시를 거쳐 결국 개인이 주인인 시대가 올 것이라 전망한다. 그럴듯한 이야기다. 아테네의 신전이나 북경의 자금성을 보면 그 도시의 주인이 누구인지 금방 알아챌 수 있다. 그렇다면 서울의 주인은 누구인가?

요즘 서울뿐만 아니라 도시마다 힘겨루기가 한창이다. 자동차와 사람 사이의 힘겨루기는 지난 1997년 말 뉴욕의 맨해튼 한복판에서도 벌어졌다. 당시 뉴욕 시장이었던 루돌프 줄리아니 시장은 맨해튼의 차량 주행 속도를 높이기 위해 획기적인 조치를 단행했다. 무단횡단을 막기 위해 차도와 보도 사이에 울타리를 쳤고, 우회전 차량의 대기로 인한 정체를 줄이겠다고 교차로마다 횡단보도를 하나씩 폐쇄한 것이다.

무단횡단을 밥 먹듯이 하고, 우리네 횡단보도 적색 신호에 해당하는 DON'T WALK 표시를 '걷지 말고 뛰어라'로 해석하며 성큼 건너다니는 뉴요커들에게 이 조치는 황당한 도전이자 충격이었다. 먼저 보행자 시민 단체들이 피켓 시위를 벌였고, 대다수 보행자들은 폐쇄된 횡단보도를 아랑곳하지 않고 지나다녔다. 찰스 코마노프라는 사람은 횡단보도 폐쇄로 인해 운전자들이 얻는 시간보다 보행자들의 시간 손실이 열 배 가까이 된다는 논문을 발표하며 시장의 정책을 공개적으로 비판했다. 결국 싸움은 오래 가지 않았다. 뚜벅이 뉴요커들의 승리였다.

걷고 싶은 도시의 꿈

자동차보다는 사람을 주인으로 섬기는 도시를 만들기 위한 힘겨운 노력은 우리 도시에서도 꽤 오래 지속되고 있다. '걷고 싶은 도시 만들기'라 부를 만한 대장정은 1990년대 초 시민 단체들이 통학로와 주택가 골목길의 안전 문제를 이슈로 보행권 운동을 전개하면서 시작됐다. 서울시의 경우에는 조순, 고건, 이명박, 오세훈, 박원순 시장으로 이어진 민선 시정부의 적극적인 노력으로 현재

① 1999년 당시 뉴욕 맨해튼의 횡단보도 폐쇄 현장. 주행 속도를 높이기 위해 교차로 횡단보도 네 곳 중 한 곳을 막았다. 보행자는 한 번에 건널 길을 세 번에 걸쳐 건너야 한다.

② 횡단보도를 막았음에도 불구하고 건너가는 뉴요커들. 자동차보다는 사람이 먼저임을 몸으로 보여준다.

③ 보행자들이 횡단보도 아닌 곳을 건너다니지 못하도록 설치해둔 울타리. 뉴욕의 보행자들은 우리가 소 떼냐며 강력하게 항의했다.

상당한 성과를 이뤘고, 다른 도시들의 상황 역시 대동소이한 것으로 보인다.

걷고 싶은 서울 만들기는 특히 1997년 초에 서울시 보행 조례가 제정된 이후 많은 변화가 있었는데 대표적으로 차 없는 거리가 처음 등장했다. 그해 4월부터 매주 일요일마다 인사동길이 차 없는 거리로 변신했고, 8월과 10월에는 명동길과 관철동길 역시 보행자 천국으로 바뀌었다. 차에게 도로를 몽땅 내주고 길가에서 겨우겨우 걸어야 했던 보행자들이 차량의 통행을 막아버린 도로에서 자유롭게 걷게 된 것이다. 차 없는 거리의 등장은 도로가 자동차만의 공간이 아니라는 것을 알리고, 보행자들만을 위한 보행전용도로도 있다는 것을 일깨워준 중요한 계기였다.

1998년에는 걷고 싶은 거리의 원조라 할 수 있는 덕수궁길이 새로운 모습으로 우리에게 다가왔다. 예전의 덕수궁길은 도로의 대부분을 양방향 차로에 내주고, 보행자는 쇠 말뚝과 쇠줄로 경계를 친 좁은 보도를 옹색하게 걸어야만 했다. 그러나 지금은 일방 도로로 바뀌었다. 폭은 좁아졌고, 속도를 내지 못하도록 길이 구불구불해져 자동차는 설설 기듯이 지나갈 수밖에 없다. 반면 보행자들은 넓고 쾌적해진 보도에서 편히 쉬고 걸을 수 있게 됐다. 이렇게 바뀐 덕수궁길은 사람과 차가 함께 사용하는 보차공존도로이자 사람을 더욱 배려하는 보행우선도로로 거듭났다.

① 덕수궁길의 옛 모습. 자동차는 양방향으로 다녔지만 보행자들은 좁은 길을 걸어야 했다. ⓒ서울연구원

② 보행우선도로로 바뀐 뒤의 덕수궁길. 자동차는 한 방향으로만 다니도록 차도를 좁혔다. 보행자들은 넓어진 보도 위에서 편안히 걷고 쉴 수 있다. ⓒ서울연구원

걷고 싶은 서울 만들기

1998년에 두 번째로 치러진 민선 서울시장 선거에 나섰던 고건 후보는 '걷고 싶은 서울'을 공약으로 내세웠고, 당선된 뒤 이를 시정의 핵심 과제로 추진했다. 1997년 초 보행 조례가 제정되고 이에 따라 수립된 서울시 최초의 '보행환경 기본계획'은 고건 시장 취임 직전에 완성됐다. 이 계획에는 민선 2기 고건 시장이 앞으로 해야 할 구체적인 사업과 전략이 담겨 있었다. 횡단보도 복원, 보도 정비, 안전한 동네 골목길 만들기, 지하철 이용 편의 시설 확충, 교통광장의 보행화 등 보행환경 개선 10대 사업이 제시됐고, 서울시 행정 조직 안에 강력한 추진 기구와 시민위원회를 구성할 것을 주문했다. 그러나 IMF로 인한 구조조정 분위기 속에서 추진 기구 신설과 위원회 구성은 무산됐다. 결국 도시계획국의 시설계획과가 총괄부서의 역할을 맡고, 여러 실국에서 다양한 사업들을 함께 추진하는 방식으로 사업을 진행했다.

10대 사업도 서울시 내부 논의 과정에서 상당 부분 바뀌었다. 횡단보도 복원과 안전한 동네 골목길 만들기 같은 보행환경의 기초를 다지는 사업들은 축소됐고, 서울시와 자치구의 '걷고 싶은 시범거리 조성사업'이 핵심 사업으로 채택됐다. 돈화문길이 시범거리로 선정돼 차도를 줄이고 보도를 넓힌 뒤 녹지 공간을 확충했고, 각 자치구에서도 한 곳씩 걷고 싶은 거리를 조성하기 시작했다. 인사동길, 정동길, 명동길, 고궁길 등 서울 도심부의 역사와 문화를 느끼며 걸을 수 있는 역사문화탐방로 8개 구간이 조성됐고, 광화문 횡단보도와 예술의 전당 앞 횡단보도 등 교차로 횡단보도 복원사업도 이 시기에 진행됐다.

걷고 싶은 서울 만들기의 진화

사업 추진 과정에서의 혼선과 좌절도 있었다. 걷고 싶은 거리의 본래 취지가 횡단보도 복원과 도로 구조 개선, 시설물 정비 등 우리 도로가 안고 있는 구조적 문제들을 개선하는 데 있었음에도 불구하고, 표피적 개선에 그친 경우도 많았다. 주민의 반대로 사업이 장애에 부딪히기도 했다. 종로 시범거리 조성사업이나 세종로 조망가로 조성사업의 경우처럼 여론과 사회적 여건이 뒤따라주지 않아 중도에 포기할 수밖에 없던 경우도 있었다.

걷고 싶은 거리 사업의 총괄 역할을 맡았던 시설계획과의 주무팀장이 술자리에서 힘들다며 토로했던 한마디가 지금도 생생하다. "걷고 싶은 도시가 아니라 울고 싶은 도시입니다." 차를 위한 도로만 만들었지, 사람을 위한 거리를 만들어 본 일이 별로 없어서 어려움이 더했을 것이다. 이런저런 시행착오를 겪으면서 걷고 싶은 서울 만들기는 첫걸음을 뗐고, 한 걸음씩 나아가고 있다.

민선 3기 이명박 시장 취임 이후에도 걷고 싶은 서울 만들기는 지속됐다. 고속도로 인터체인지와 다를 바 없던 서울시청 앞에 광장을 조성하고 횡단보도를 복원한 것을 비롯해, 숭례문에도 보행자를 위한 광장과 횡단보도를 신설했다. 버스전용차로 도입, 환승 비용 할인과 같은 대중교통 우대 정책도 걷고 싶은 서울 만들기와 무관하지 않다. 민선 4기 오세훈 시장 임기 중에도 광화문광장 조성과 횡단보도 복원 등 걷고 싶은 서울 만들기가 진행됐고, 보궐선거를 통해 취임한 박원순 시장도 아마존 사업, 도심부 교차로 횡단보도 전면 복원 등의 '보행친화도시 서울'을 만들기 위한 시책을 추진하고 있다.

누가 걷고 싶은 도시를 만드는가

걷고 싶은 서울 만들기로 시작했던 보행권 운동과 보행환경 개선 노력은 우리나라 전역에서 활발하게 꽃 피우고 있다. 대부분의 도시들이 차 없는 거리나 보행우선도로들을 만들어 시민들의 사랑을 받고 있고, 제주 올레를 시작으로 아름다운 풍경을 즐기면서 느릿느릿 걷는 길들이 끊임없이 만들어지고 있다. 지리산 둘레길, 소백산 자락길, 강화 나들길, 해남 땅끝길, 서울 성곽길, 청주 가로수길, 담양 메타세콰이어길, 안면도 해안길, 거문 오름 숲길 등등 여러 길들이 사람들의 사랑을 받고 있다. 가히 걷고 싶은 길의 대유행이라고 부를 만하다.

걷고 싶은 거리는, 아니 걷고 싶은 도시는 우리가 추구하는 참 좋은 도시의 다른 표현이기도 하다. 사람을 존중하는 길과 도시, 건강한 사람뿐만 아니라 걷는 데 불편을 느끼는 사람들도 자상하고 섬세하게 배려하는 그곳이 참 좋은 도시 아닌가. 걷고 싶은 도시는 오직 시민만이 만들 수 있다. 자주 걸으면서 우리 마을과 도시의 보행환경을 생생하게 느끼는 시민, 보행자를 배려하지 않는 도시환경의 문제점을 인식하고 화낼 줄 아는 시민 그리고 그 문제를 해결하기 위해 끊임없이 소통하는 시민. 그런 시민들이 걷고 싶은 도시를 만들 수 있다. 그런 시민들이 살고 있는 곳, 그곳이 바로 걷고 싶은 도시다.

에스컬레이터 되살리기 50일

IMF와 에스컬레이터

IMF의 여파가 사회 구석구석에 미치기 시작했던 1997년 말 주엽역 에스컬레이터 앞에 안내문이 하나 내걸렸다. 정부의 에너지 절약 시책에 부응하여 새해부터 내려가는 방향 에스컬레이터를 얼마간 가동하지 않겠다는 내용이었다. 얼마 전부터 이른 아침과 늦은 밤에는 내려가는 방향 에스컬레이터를 가동하지 않고 있던 터였지만, 하루 종일 가동하지 않겠다는 건 조금 의외였다.

예고대로 새해부터 내려가는 방향 에스컬레이터는 딱 멈췄고, 입구는 안내문이 가로막고 있었다. 사람들은 에스컬레이터 대신 계단을 이용했다. 한 계단 한 계단 내려가며 수를 세어보니 입구에서 매표소까지 101계단, 매표소에서 승강장까지는 28계단, 모두 합해 129계단이었다. 130여 계단이라…… 팔다리가 멀쩡한 젊은 사람들도 걷기 힘겨운데 노인과 장애인, 아이를 동반한 주부, 무거운 짐을 든 사람은 어찌 걸으라는 말인가. 기름값이 자꾸 올라 사람들이 자가용을 두고 지하철로 몰려오고 있는데, 오는 손님 내쫓자는 얘기인가.

비단 주엽역뿐만 아니었다. 충무로역도 에스컬레이터 가동 제한이 시작된 것 같았다. 주엽역과 충무로역은 이용객이 많아 온종일 번잡한 곳이다. 전기 절약도 좋지만 대중교통 살리기는, 약자들에 대한 배려는 어떡하란 말인가. 이러한 추세는 갈수록 확산될 게 틀림없는데, 이를 어떻게 막을 수 있을까? 어떻게 해서든 막아보자. 이렇게 다짐했다.

독자 투고와 방송 인터뷰

1월 7일, 에스컬레이터 가동 제한의 부당성을 제기해보자는 생각에 신문사 인터넷 독자 투고란에 글을 올렸다. IMF로 인해 기름값이 오르면서 의도하지 않은 수요관리 효과가 나타나고 있는 만큼, 정부가 나서서 대중교통 서비스를 개선해야 한다는 입장을 밝혔다. 1996년 말 산업용 전기를 기준으로 새벽 6시부터 자정까지 에스컬레이터를 가동했을 때 소요되는 전기 요금을 계산해보니, 소비 전력 편차를 고려하더라도 한 대당 1만 3000원에서 5만원 정도밖에 소요되지 않았다. 에스컬레이터 운행에 드는 비용이 생각보다 많지 않은 것이다.

글이 실리고 에스컬레이터 가동 제한과 관련된 몇몇 의견들이 독자 투고로 올라왔다. 5호선 김포공항역의 올라가는 방향 에스컬레이터를 가동하지 않아 짐을 들고 이동해야 하는 여행객들의 불편이 가중되고 있다는 글도 있었고, 에스컬레이터와 자동보도(무빙워크)의 가동에 드는 전기료 공방도 있었다. 사흘 후 독자 투고란에 같은 요지의 글을 다시 올렸고, 얼마 지나지 않아 국민일보에 에스컬레이터 가동 제한의 문제를 지적한 기사가 처음으로 보도됐다. 「장애인은 어쩌라고」가 제목인 기사에는 멈춰 선 에스컬레이터를 옆에 두고 목발을 짚은 채 계단을 오르내리는 한 장애인과의 인터뷰와 장애인 단체의 유감 성명이 실렸고, 서울시 지하철공사와 도시철도공사에서 에스컬레이터 가동 제한을 통해 절약하는 전기 요금이 연간 6억 2000만 원이라는 내용도 함께 소개됐다.

당일 오전에 문화방송의 기자가 지하철과 관련된 취재를 한다며 인터뷰를 부탁해왔다. 오후에 연구원에 찾아온 취재팀으로부터 특집 내용에 대해 설명을 듣고, 에스컬레이터 가동 제한 문제도 함께 다뤄줄 것을 부탁했다. 그리고 지하철을 이용할 때 겪는 여러 가지 불편한 문제점들에 대해서도 이야기했다. 인터뷰 내용이 뉴스에 그대로 방송되는 걸 보며 다시 주먹을 불끈 쥐었다.

공사로부터의 회신

이십여 일 동안 곳곳에 글도 올리고 떠들어 보았건만 아무것도 바뀐 게 없었다. 그래서 생각 끝에 직접 담당자들을 설득해보기로 마음먹었다. 1월 20일, 서울시 지하철공사 사장과 도시철도공사 사장 앞으로 편지를 써서 보냈다. 편지를 보낸 지 열흘만에 서울시 지하철공사와 도시철도공사로부터 회신 공문을 받았다. 서울시 지하철공사의 회신(운수500-448) 내용은 다음과 같다.

> 서울시 지하철공사에는 총 24개 역에 137대의 에스컬레이터가 설치돼 있는데, 그 중 층고가 높고 승객이 많은 21개 역 80대는 지하철 운행 시간 중 상,하행은 상시 가동하고 있고, 나머지 역은 계단이 낮은 곳에 한해 요일별로 승객 추이를 감안

하여 출퇴근 시간대에만 가동하는 등 탄력적으로 운행하고 있다. 전기 절약 목적의 에스컬레이터 가동 제한이 대중교통 서비스 개선에 역행하는 일이긴 하지만 많은 시민들이 에스컬레이터 가동이 에너지 낭비라는 지적을 제기하여 이 또한 무시할 수 없는 일이므로, IMF 기간 동안 승객의 불편을 최소화하는 범위에서 에스컬레이터 가동 시간을 조정 시행하고 있으니 많은 이해 있기를 바란다.

도시철도공사에서 보내온 회신(영업1140-182) 내용 역시 서울시 지하철공사의 것과 비슷했으며, 에스컬레이터 운행 조정 기준을 좀 더 상세히 알려주고 있었다. 서울시 소속의 두 공사로부터 회신을 받고 한시름 놓았다. 적어도 막무가내식의 가동 중지는 하지 않겠다는 답변을 들었기 때문이다. 에스컬레이터의 길이가 긴 곳과 이용 승객이 많은 곳은 전일 가동하겠다니 그나마 다행이었다.

철도청으로부터의 회신

그러나 문제는 여전히 해결되지 않은 채 남아 있었다. 주엽역의 하행 에스컬레이터는 여전히 요지부동이었기 때문이다. 주엽역은 수도권 전철 일산선으로 관할이 달라 전혀 변화가 없었다. 철도청장 앞으로 공사에 보냈던 것과 같은 내용의 편지를 보냈고, 다시 회신을 받았으나 철도청의 공문(운계91307-205)은 공사에서 보내온 내용과 판이하게 달랐다. 어처구니가 없었다.

현재 철도청에서 운영하고 있는 전철역의 에스컬레이터는 역별 특성에 맞게 이용객 불편을 최소화하도록 탄력적으로 운영하고 있으며, 장애인과 노약자 등 보행에 불편을 느끼는 이용객에 대해서는 에스컬레이터 설치역이 아니더라도 역사 접근 계단부에 비상벨을 설치하여 이용에 불편이 없도록 최선을 다하고 있으니, 요즘 같이 어려운 시기에 일부 역의 내려가는 방향의 에스컬레이터 가동을 제한하고 있는 점에 대해서는 국민 모두가 이해하고 협조할 사항이므로 이 점 이해하기 바란다.

이게 무슨 말인가. 회신 내용대로 협조는커녕 이해하는 데에도 어려움이 있어 공문에 적힌 담당자에게 전화를 걸었다. 운수국 소속 담당자의 답변을 들으니, 에스컬레이터 가동 제한의 시발은 통산산업부에서 철도청으로 내려온 에너지 절약 시행 공문이었단다. 물론 통산산업부에서 에스컬레이터 가동 중지를 지시한 것은 아니었고, 철도청 내부의 회의 결과 전기국에서 소등과 에스컬레이터 가동 제한 등의 방안을 마련했단다. 그러하니 따지려면 전기국에 물어보라고 했다.

전기국 담당자 전화번호를 물어 그쪽으로 전화를 걸었다. 담당자의 답변에 따르면 철도청 차원에서 각 역에 에스컬레이터 가동 제한을 지시한 적은 없고 다만 전기 절약을 지시했을 뿐인데, 각 역에서 전기를 절약하려면 에스컬레이터 가동 제한 외에는 별다른 방안이 없었을 거란다. 다시 철도청장 앞으로 편지를 보낼까 생각하다가 직접 역장을 만나보는 것으로 생각을 바꾸었다.

주엽역장과의 대화

저녁 퇴근길에 주엽역 역무실에 들러 역장을 만났다. 철도청의 직접 지시가 있는 것도 아닌데, 왜 130여 계단이나 되는 주엽역 에스컬레이터를 가동하지 않는지 물었다. 역장은 여러 이야기를 했다. 처음에는 노인들도 별 불평이 없는데 왜 젊은 사람이 불평을 하느냐는 타박부터, 옛날 생각을 해야지 우리가 언제부터 편하게 사는 걸 그리 밝히느냐는 얘기와 많은 사람들이 에스컬레이터 가동을 전기 낭비라며 지적한다는 말까지. 최근 철도청으로부터 에스컬레이터 가동 제한을 재검토하라는 지시가 내려와 어찌할까 고민 중이라며, 에스컬레이터 가동을 바라는 게 개인의 생각인지 다수의 생각인지도 물었다.

한참이 지났을까, 상반된 의견이 있을 수 있으니 타협책으로 출퇴근 시간대에 한해 다시 가동하면 되겠느냐며 묻는다. 정색을 하고 역장에게 말했다. 팔다리가 멀쩡한 사람들만 지하철을 탈 수 있고, 노약자, 장애인, 아이를 동반한 주부, 짐을 든 사람 들은 고려하지 않는다면 그리하라고 했다. 그리고 지하철을 대중교통이라 부르지 말고 건강한 사람들만의 특별 교통이라 바꾸어 부르라는 말도 덧붙였다.

한동안의 옥신각신 끝에, 역장은 내일 아침부터 내려가는 방향 에스컬레이터도 지하철 운행 시간 내내 가동하겠다는 대답을 했다. 에스컬레이터를 가동하느라 왜 전기를 낭비하느냐고 이의를 제기하는 사람들이 있으면 나더러 책임지란다. 명함을 건네며 그러자고 했다. 대화 중에 역장으로부터 최근 주엽역 에스컬레이터에 감지기 설치를 끝냈다는 얘기도 들었다. 감지기를 설치해서 이용객이 뜸한 시간에는 에스컬레이터 가동을 멈추면 에너지도 절약하고, 대중교통도 살릴 수 있을 것이다. 1998년 2월 26일 아침, 다시 되살아난 에스컬레이터를 타고 내려오면서 긴 안도의 숨을 내쉬었다. 느닷없이 멈춰버린 주엽역 에스컬레이터를 목격하고 가동 제한을 풀기 위해 50일을 이리저리 뛰어다닌 결과였다.

에스컬레이터 '되' 되살리기

다시 되살아난 주엽역 에스컬레이터를 타고 내려오면서 솔직히 일말의 불안감을 떨칠 수 없었다. 에스컬레이터가 언제 또 다시 멈춰 서게 될지 모를 일이기 때문이었다. 내 예상은 여지없이 들어맞았다.

3월 3일 아침 출근길, 주엽역 앞 횡단보도를 건너면서 에스컬레이터 앞을 가로막고 있는 안내판과 다시 마주쳤다. 같이 길을 건너던 여학생들이 볼멘소리를 한다. 안내판에는 이렇게 쓰여 있다. '정부의 에너지 절약 시책에 부응하여 당분간 에스컬레이터 가동을 중지합니다.' 당장 역장실에 들러 상황을 확인하고 싶었지만 출근 시간이 빠듯해 그냥 지하철을 탔다. 다음 날도 시간이 부족해 바로 지하철을 탔다. 대신 출근하자마자 114에 전화를 걸어 주엽역 역무실 번호를 알아냈다. 역장은 출장 중이고 대신 부역장이 전화를 받는다. 어찌 된 일인지 물었더니 몇 가지 이유를 설명하며, 방침이 바뀌었음을 알려준다.

내려가는 방향 에스컬레이터를 다시 전일 가동하면서 직접 현장을 지켜보니, 출근 시간대에는 대다수의 사람들이 에스컬레이터 위에서 걷거나 뛰고 있어 출근 시간대를 피해 오전에는 8시부터 11시까지, 오후에는 5시쯤부터 저녁 10시까지만 에스컬레이터를 가동하기로 했단다. 이러한 시간 조정은 노인들이 시내에 나가는 시간대가 대개 오전 8시 이후임을 감안한 것이라 한다. 얼마 전 설치한 감지기를 가동할 수도 있지만 껐다 켰다하면 전기가 더 들 수 있어 시간대별 가동 방침을 정했단다. 또한 에스컬레이터를 하루 종일 가동할 경우 에너지 절약을 명한 상부의 지시에도 부응하지 못하고, 아줌마나 노인들이 전기를 낭비한다고 지적할 때마다 대응하기도 난처하다고 했다. 역간 형평성을 고려해서 우리 역도 절전을 위해 무언가를 해야 한단다. 에스컬레이터 되살리기 50일이 다시 원점으로 돌아간 순간이었다.

부역장에게 다시 하나씩 따졌다. 첫째, 에스컬레이터 위에서 걷거나 뛴다는 이유로 가동을 중지한다는 건 말이 안 된다. 2호선 교대역을 비롯한 몇 개 역에서는 에스컬레이터가 계단에 비해 수송력이 떨어진다는 이유로 설치한 에스컬레이터를 다시 계단으로 바꾸기도 했다.

둘째, 낮 시간대를 피해 부분 가동하는 것은 에스컬레이터 이용이 긴요한 계층을 감안하지 못한 처사다. 어르신, 유아를 동반한 주부, 이동의 불편을 겪는 장애인 들은 주로 낮에 이동하므로 보행약자들을 위해서라면 낮에도 에스컬레이터를 가동해야 한다. 이는 보행약자들의 지하철 이용을 보장하는 에스컬레이터 설치 취지와도 맞지 않는다.

셋째, 가동하지 않을 감지기는 왜 설치했는가. 감지기는 이용객이 뜸한 곳이나 그런 시간대에 이용하는 것이 효과적이다. 주엽역의 경우 항상 이용객이 넘치는 곳이므로 이른 새벽처럼 이용객이 그리 많지 않은 시간대에만 감지기를 가동하는 것을 고려할 수 있을 것이다. 또한 감지기를 가동할 때 드는 전력에 대해 사전에 치밀한 계산을 해보거나 시행 후 전력 비용을 계산해서 적절한 감지기 가동 시간대를 판단해볼 일이지 설치해놓고 썩히는 것 역시 잘못된 일이다.

넷째, IMF를 맞아 상부의 지시와 일부 이용자들의 전기 절약 요구, 타역과의 보조 등의 이유로 전일 가동은 불가하다는 생각도 다시 짚어보자. 이 시기에 전기를 절약하는 것은 당연한 일이다. 그러나 불필요한 것을 절약해서 낭비를 막자는 취지이지, 필요한 것까지 무조건 절약하라는 의미는 아니다.

삼십 분 가까이 통화를 하면서 부역장과 많은 얘기들을 주고받았다. 부역장은 잘 알았으니 다시 한 번 고려해서 방침을 정하겠노라 말했다. 전화를 끊고 한동안 멍해졌다. 턱없이 부족한 시설을 더 확충해야 할 상황에서 있는 시설마저 멈춰 세우는 건 도대체 무엇 때문일까? 50여 일 만에 에스컬레이터를 다시 가동했다가 며칠도 지나지 않아 세우도록 강제하는 힘은 도대체 무엇일까? 이른바 상부의 지시 때문일까, 절약을 강요하는 사회적 분위기 때문일까? 약자들을 자상히 배려하지 않는 강자 위주의 사고에 모두가 너무 오랫동안 길들여져 있어, 약자의 고통을 미처 보지 못하고 느낄 수 없어서일까?

그렇게 에스컬레이터 되살리기 50일을 접고, 다시 에스컬레이터 '되'되살리기를 시작했다. 며칠이 걸릴지 모르는 길을 다시 걷기로 마음먹었다.

4
—

우리 손으로 만든

도시가

참한 도시

서울의 골목길, 누가 디자인했을까?

한양 신도시 설계

조선왕조가 창건됐을 때 새로운 수도를 어디로 할 것인지를 두고 많은 논란이 있었을 것이다. 수도 이전을 둘러싼 논란은 얼마 전 우리도 겪었던 일이다. 서울과 지방 간의 격차를 해결하기 위한 고육책으로 수도 이전론이 대두됐고 이로 인해 온 나라가 시끌시끌했었다. 결국 행정중심복합도시로 국론이 모아졌고, 최근 정부 부처들이 세종시로 이전하고 있다. 한 나라의 수도를 정하는 것은 대단히 중요하고 민감한 사안이다. 가장 정치적인 그래서 더욱 치열한 의사 결정 과정일 수밖에 없다.

새 왕조 조선의 도읍을 두고도 열띤 정치적 공방이 있었다. 후보지로 개경, 한양, 계룡 등이 논의되다 계룡으로 입지가 정해졌다. 그러나 수도의 위치가 너무 남쪽에 치우쳐 있고, 큰 강이 없어 물이 부족하며, 바다에서 멀어

해상 교역에도 불리하다는 등 여러 가지 이유들이 제기되어 계룡 천도는 중단됐다. 이러한 우여곡절을 겪은 뒤 조선의 수도는 한양으로 결정되기에 이른다. 1394년의 일이다. 한양을 새 왕조의 수도로 결정한 이후에도 도성과 궁궐의 입지를 둘러싸고 또 다시 격론이 있었다. 태조 이성계의 신임이 두터웠던 하륜, 정도전, 무학대사 사이에 의견이 일치하지 않아 태조의 고뇌가 깊었다고 야사는 전하고 있다. 결국 정도전의 의견대로 수도 한양의 도시설계가 진행됐다.

참으로 안타까운 일은 한양 도시설계의 자료와 기록이 거의 남아 있지 않다는 것이다. 실록이 남아 있으니 진행 과정은 알 수 있지만, 도시설계와 관련된 구체적인 도면이나 지도가 없어 자세한 설계 과정을 알 수 없으니 답답할 뿐이다. 그래도 옛 지도와 성곽, 궁궐과 주요 시설물, 큰길과 작은 길의 흔적들이 있으니 이런 자료들을 모두 모아 한양 도시설계의 원형을 추측해볼 수 있다.

한양 도시설계는 요즘 신도시설계와 다르지 않았을 것이다. 요즘처럼 현장조사도 여러 번 했을 것이고, 조사한 내용들을 지도 위에 표시하고 도면으로 작성하며 신도시 설계 과정을 충실하게 이어갔으리라 짐작된다. 높은 산에 올라 지형과 바람의 흐름도 살피고 혹 있을지 모를 적의 침공에 대비할 방어 전략도 생각하며, 한양도성의 윤곽과 성문의 위치를 가늠했을 것이다. 궁궐을 앉힐 자리를 보고 대문과 대문을 잇는 큰길도 그어보며, 궁궐과 큰길을 연결하는 주작대로의 선과 폭도 여러 번 그리고 지웠을 것이다.

서울의 도시 역사, 특히 도시설계의 역사를 오래오래 공부해온 분들이 있다. 얼마 전 한양대학교를 정년퇴임하고 통의도시연구소를 열어 평생 공부해온 내용을 후학들에게 나누어주는 최종현 교수를 비롯하여 옛 지도와 현재의 지형 데이터를 정밀하게 맞추어가며 한양 도시설계의 원형과 변화 과정을 끈질기게 추적하고 있는 경기대학교 이상구 교수도 있다. 이분들이 평생을 연구하며 밝혀내고 정리한 자료들에 힘입어 한양 도시설계의 실상을 어렴풋이나마 볼 수 있으니 얼마나 고마운지 모른다.

자연의 질서, 자율의 질서

이상구 교수에 따르면 우리 조상들은 한양을 설계를 할 때, '자연의 질서'를 그대로 살려 도시의 큰 틀을 만들었다고 한다. 더욱 주목할 만한 것은 도시의 부분을 채우고 다져온 것은 다름 아닌 '자율의 질서'였다는 점이다. 자연의 질서와 자율의 질서, 이 두 질서가 한양 도시설계의 철학을 대변한다. 산, 언덕, 하천과 같은 자연 지형을 그대로 살려 성을 쌓고 길을 내고 궁궐과 시설을 배치했으니 말 그대로 자연의 질서를 따라 도시의 뼈대를 만든 셈이고, 백성들이 살아가면서 스스로 땅을 나누고 길을 내어 집과 마을이 만들어지고 도시가 자랐으니 자율의 질서에 의해 도시의 살이 채워진 셈이다.

 자연과 자율의 질서로 도시를 만들었다니 멋지지 않은가. 사람의 디자인 솜씨를 훨씬 뛰어넘는 자연의 디자인을 그대로 살렸다는 점에서 형태의 아름다움 또한 탁월하고 빼어나다. 강제적 통합과 동원에 의해 조직화된 질서가 아닌 자율의 질서로 도시가 형성됐다는 사실 역시 의미하는 바가 크다. 관 주도의 하향식 질서가 아니라 백성들이 제각각 만들어낸 부분이 모여 전체를 이루었다는 뜻이니, 요즘 강조하는 자치와 거버넌스 정신과도 일치한다. 시대를 앞선 조상들의 도시설계 철학에 자부심이 절로 느껴진다.

골목길, 자율의 질서로 만든 공간

인사동 골목길을 걸어보았는가. 나뭇가지 모양처럼 구불구불 꺾이고 다시 이어지는 이 골목길을 누가 디자인했을까? 골목길을 디자인하고 만든 사람은 바로 그곳에 살던 백성들이었다. 작은 골목길은 대부분 사유지의 일부를 내어 만든 길이다. 큰길과 닿지 않는 땅을 소유한 사람이 큰길로 드나들 수 있도록 제 땅의 일부를 내놓아 접근로를 만든 게 골목길이 된 것이다. 길에 닿지 않는 땅이 생기면 길에 닿은 땅을 가진 사람이 역시 제 땅의 일부를 내주면서 골목길이 다시 생기게 된다. 그렇게 오랜 세월 땅이 쪼개지며 골목길이 구불구불 이어져 왔다. 땅이 합쳐지면 다시 골목길이 지워지기도 하고, 새로 큰길을 내는 바람에 원래 있던 필지들과 길들이 몽땅 지워지기도 했을 것이다. 그렇게 우리 도시에서 땅과 길은 마치 생명체처럼 꿈틀꿈틀 변화해왔다.

골목길은 땅이 쪼개지는 방향에 따라 똑바로 이어져 나기도 하고 꺾이기도 한다. 또 땅을 내주는 크기에 따라 넓어지기도 하고 심하게 좁아지기도 한다. 시원한 골목길을 만나거든 그 길을 내어준 집주인의 너른 마음씨에 고마워할 일이고, 한 사람 겨우 건널 만한 좁은 골목길을 지날 때는 집주인을 탓해도 좋겠다. 아니다, 어쩌면 처음부터 내어줄 땅이 워낙 적었는지도 모른다.

골목길은 서울의 소중한 보물이다. 서울뿐만 아니라 모든 역사도시들의 귀한 보물이 바로 골목길이다. 외국 손님들과 함께 서울의 여러 곳을 거닐 때, 그들이 깜짝 놀라며 감탄하는 곳은 대개 골목길이 남아 있는 동네다. 강남과 여의도의 고층 빌딩을 보고 그들은 감탄하지 않는다. 도심의 화려한 빌딩과 그 사이에 공들여 만든 광장을 보고도 눈 하나 깜짝하지 않는다. 그러던 그들이 인사동의 허름한 골목길을 보고 감탄사를 연발한다.

인사동 골목길. 과거(1912년)의 도로는 황토색으로, 현재의 도로는 회색으로 표시한 도면이다. 두 시기의 도로가 중첩돼 있어 인사동 길들의 변화를 잘 보여준다. 과거보다 넓어진 길도 있고, 새로 뚫린 길도 있으며, 예나 지금이나 변함없이 이어져온 골목길도 있다. ⓒ이상구 골목에는 조상들의 삶과 오랜 역사도 함께 담겨 있다. 세조의 왕위 찬탈에 비분강개한 어느 충신이 그 길을 달리듯 걸었을 테고, 전란 시기에는 백성들이 아이와 짐을 이고 진 채 혼비백산하여 그 길로 쫓기듯 달렸을 것이다. 3.1운동을 준비하던 우국지사들도 야심한 밤에 그 길을 조심조심 걸었을 테고, 첫사랑을 떠나보낸 어느 청춘은 그 골목에서 하염없이 울었을 것이다. 오랜 시간 동안 많은 사람들의 손과 삶으로 만들어온 골목길이 지워지지 않았으면 좋겠다.

집안 살림, 마을 살림, 도시 살림

마을 살림과 도시 살림

살림이란 말에는 두 가지 의미가 있다. 하나는 '죽임'의 반대말로 죽어 가는 것을 살리고 활력을 더욱 키운다는 뜻이고, 다른 하나는 가정이나 단체의 사람과 일을 잘 보살피고 꾸려나간다는 뜻으로 흔히 '살림살이'라 일컫는 경우이다. 한 가정에서 식구들의 삶이 건강하고 행복하기 위해서는 집안 살림이 야무지고 탄탄해야 하는 것처럼, 마을이나 도시에서의 생활이 편안하고, 쾌적하기 위해서는 마을 살림과 도시 살림도 신경 써야 한다.

로버타 그라츠가 쓴 책 중에 『살아 있는 도시The Living City』가 있다. 책 제목도 예사롭지 않고 부제 역시 흥미롭다. 조금 긴 부제는 이렇게 적혀 있다. '큰 안목에서 출발한 작은 생각들에 의해 미국 도시들이 어떻게 되살아났는가?' 이 책 여섯 번째 장의 제목이 바로 도시 살림이다. 로버타 그라츠는 우리가 가족, 가축이나 반려동물의 생명을 지키고 돌보아야 하는 것처럼 우리 도시환경 또한 지키고 돌보아야 한다고 말한다.

도시는 계획하고, 건설하고, 만들어내는 것일까? 사람이 도시로 몰려들고 도시가 빠른 속도로 성장하는 시기에는 계획과 건설이 중요하지만, 안정기에 접어든 도시라면 계획하고 건설하는 일보다 돌보고 관리할 일이 훨씬 더 많고, 중요해진다. 그리고 그 일은 공무원이나 전문가 몇 사람에 한정되지 않는다. 모든 시민들이 나설 때 진정한 의미의 마을 살림과 도시 살림이 가능해진다.

내가 꿈꿨던 일산

1996년 가을, 잠실에서 일산으로 이사를 했다. 신도시 일산은 여러 면에서 비교적 잘 계획되고, 정비된 도시임에 틀림없다. 저녁 나절 가족들의 손을 잡고 공원을 산책하는 사람들의 표정을 훔쳐보면 일산에 사는 사람들 특유의 자부심과 행복을 엿볼 수 있다. 그러나 주변을 돌아보면 좀 더 다듬고 가꿔야 할 것들이 많이 있다.

마을 살림과 도시 살림은 시선을 창밖으로, 울타리 너머로 돌리는 데서 시작된다. 집을 구석구석을 보살피듯 마을과 도시를 세심히 돌보고 참여하는 것이 바로 마을 살림이고 도시 살림인 것이다. 물론 집안 살림에 있어서 주부 또는 엄마의 역할이 중요하겠지만, 집안 살림을 온통 한 사람에게 떠맡기고 모른 채 살아갈 수는 없다. 마을 살림과 도시 살림도 마찬가지다. 참여와 역할 나누기가 중요하다. 공무원이나 의원들 또는 전문가들이 알아서 할 일이려니 하고 맡겨두지만 말고 주민과 시민이 직접 나서야 한다. 문제를 가장 잘 느끼고 있고, 그 영향을 가장 직접적으로 받는 것은 그네들이 아닌 우리이기 때문에 더욱 그렇다. 자치, 참여, 민주화 시대의 의미가 바로 여기에 있다.

1996년에 일산으로 와 13년 가까이 살았으니 일산 사람으로, 고양 시민으로 꽤 오래 살았다. 큰 아이가 유치원에 다니고 둘째가 아장아장 걸을 때 이사 와서 그 뒤로 둘을 더 낳아 키우며 살았으니, 우리 아이들이 나고 자란 고향 같은 곳이다. 당시 일산에 대해 이런 꿈을 꾼 적이 있다.

> 교통사고가 단 한 건도 발생하지 않는 도시, 자전거에 자물쇠를 채우지 않아도 되고, 문을 활짝 열고 살아도 좋을 만큼 범죄가 없는 도시, 전국에서 가장 공해가 적은 도시, 삶의 여유와 문화가 넘치는 도시, 새 도시와 옛 도시가 어깨동무하듯 공존하는 도시, 주민과 시민이 주인 노릇 제대로 하는 도시, 유모차가 많이 보이는 도시……

우리가 살고 있는 곳이 이처럼 멋진 도시가 되는 것은 정녕 꿈일까? 그렇지 않다. 그런 꿈을 꾸고 그 꿈을 이루려 애쓰는 사람들이 하나둘씩 늘어간다면, 꿈은 곧 현실이 되어 눈앞에 와 있을 것이다.

엄마 같은 도시설계

도시설계는 도시계획과 건축, 조경과 같은 전문 분야가 있는 상황에서 새롭게 태동한 비교적 젊은 전문 분야다. 미국과 유럽에서 도시설계가 하나의 전문 분야로 자리를 잡은 게 1950년대 전후였고, 우리나라에서는 1970년대 말

또는 1980년대 초였으니 그 역사가 길지 않다. 도시계획과 건축이 이미 있는데, 왜 도시설계가 새로운 전문 분야로 태어났을까? 학자들은 전문 분야의 탄생과 소멸, 분리 또는 통합의 이유를 사회적 요구에 대한 전문 분야의 대응력으로 설명한다. 사회적 요구에 기민하게 대응하면 오래 가고, 뭔가 신통치 않으면 사라지거나 새로운 게 나타나기도 한다는 것이다. 이발소가 망하고 미용실이 손님을 다 차지하고 있는 것도 전문 분야의 흥망성쇠를 보여주는 좋은 예다.

도시설계는 도시계획과 건축의 한계에서 태어났다. 도시계획의 한계는 섬세함 또는 자상함의 부족으로 요약할 수 있다. 바꾸어 말하면 설계 또는 디자인 마인드의 미흡함이다. 건축의 한계도 분명하다. 건축은 속성상 각각의 대지 안에 머무르니, 주변과의 관계나 조화보다는 자신의 요구나 이익에 민감할 수밖에 없다. 건축의 한계를 요약한다면 도시 마인드 또는 공공 마인드의 부족이다. 도시계획과 건축의 한계를 극복하기 위해 태어난 도시설계가 '어반 디자인urban design'이란 이름을 갖게 된 것도 어쩌면 필연일지 모른다.

도시계획과 건축 그리고 도시설계의 관계를 이해하기 쉽게 가족에 비유해보자. 도시계획은 아빠, 건축은 누나 그리고 도시설계는 엄마라 할 수 있다. 아빠 같은 도시계획에 대해서는 굳이 추가적인 설명이 필요 없겠고, 누나 같은 건축에 대해 설명하자면 이렇다. 미스코리아를 꿈꾸는 누나는 집안일에는 도통 관심이 없다. 예뻐지고 남들보다 튀고 싶은 것이 누나의 관심사다. 섬세함과 자상함이 부족한 아빠 그리고 자기만 생각하는 누나와 달리 도시설계는 집안 살림을 두루 살피고 자신보다 가족을 먼저 배려하는 엄마 같은 역할을 담당한다.

우리 도시를 보면 왠지 싸늘하고, 허전하며 또한 손이 덜 간 듯 엉성한 느낌을 받을 때가 많다. 이것이 혹시 모성 결핍 때문은 아닐까? 도시설계가 앞으로 치중해야 할 것이 바로 모성 마인드를 갖는 일이다. 엄마처럼 야무지고 꼼꼼하게 마을과 도시를 지키고, 돌보고, 가꿔야 한다. 도시에서 모성을 회복하는 것은 곧 인간성을 회복하는 과정이기도 하다. 그럴 때 우리가 살고 있는 마을과 도시에 사람 냄새가 물씬 날 것이다.

러브호텔 도시 사람들의 참회록

러브호텔 도시, 일산

2000년 여름, 고양시를 뜨겁게 달궜던 이슈가 있었다. 고양시뿐만 아니라 대한민국을 흔들어놓은 이슈는 다름 아닌 러브호텔이었다. 일산 신도시 주택가 가까이에 그것도 아이들이 오고가는 초등학교 인근에 러브호텔이 떼로 들어섰다. 아이들은 길가 자동차에 꽂히거나 길바닥에 떨어져 있는 이상야릇한 홍보물을 딱지로 접어 친구들과 놀고 있었으니, 이런 아이들을 바라보는 부모들의 심정은 어떠했으랴.

 일산 신도시로 이사한 지 4년이 지났으니 자리도 잡고 정도 들 때였다. 당시는 서울시정개발연구원에서 북촌과 인사동 연구를 동시에 진행하던 때라 눈코 뜰 새 없이 바쁜 시기이기도 했다. 내 코가 석자라 동네일에는 큰 관심을 두지 못하고 살던 내게 러브호텔 사건은 아주 큰 충격이었다. 그 충격 덕분에 시민으로서의 역할과 책임을 새롭게 각성하게 됐으니, 러브호텔은 나를 시민으로 키워준 선생이다.

당시 일산 신도시와 고양시는 러브호텔 문제뿐만 아니라 여러 도시 문제들로 인해 들끓고 있었다. 백석동의 유통업무시설용 부지에 초고층 주상복합 건설이 추진돼 주민들의 반대 운동이 거세게 일어났고, 일산의 허파로 불리는 고봉산 자락 풍동의 맑은 숲에 택지개발사업이 추진돼 시민 단체 활동가들이 단식투쟁을 하며 저지 운동을 벌이기도 했다.

그해 여름에는 고양시 도시계획조례가 개정됐는데, 건폐율과 용적률을 파격적으로 완화하는 내용이어서 시민들을 당혹스럽게 했다. 개정된 도시계획조례는 근린상업지역 용적률을 400퍼센트에서 두 배로 올렸고, 700퍼센트였던 중심상업지역의 용적률은 무려 1300퍼센트까지 완화했다. 당시 서울시가 근린상업지역과 일반상업지역에 적용한 용적률이 각각 600퍼센트, 1,000퍼센트였다. 서울시를 훨씬 뛰어넘는 개발을 허용하겠다는 이를테면 아주 노골적인 친개발 사인이었다. 그 와중에 러브호텔 문제까지 불거졌다.

당시 고양과 일산 신도시에는 화정에서 탄현까지 무려 150여 개의 러브호텔이 들어섰고, 백석동에는 연면적 1200평 규모의 이른바 동양 최대의 나이트클럽이 건설 중이었다. 대화역 인근 아파트 단지 인근에는 아비숑, 리베라, 빅토리아, 밀레니엄, 유토피아 등 야릇한 이름의 러브호텔들이 단지를 이뤄 성업 중이었다.

러브호텔 반대 운동은 여름부터 본격화되었다. 백석동, 대화동, 주엽동의 시의원들과 시민 단체 활동가들, 고양시 지역구 의원 그리고 많은 전문가들이 러브호텔 반대 운동에 함께 참여하여 '고양시 러브호텔 및 유해업소 저지를 위한 공동대책위원회(이하 공대위)'를 결성하고 반대 운동을 주도했다. 나도 도시계획 분야 전문가의 한 사람으로서 이 운동에 참여했고, 주민으로서 열심히 싸웠다.

고양 일산지구 도시설계 지침

어떻게 아파트 단지 바로 옆에, 게다가 초등학교 가까운 곳에 러브호텔 같은 유해업소가 떼로 들어서게 됐을까? 새로 만든 신도시가 이렇게 되기까지 도시계획과 도시설계는 과연 무슨 역할을 했을까? 초등학생을 둔 학부모들이 고양시청을 찾아가 하소연을 해도 공무원들은 심지어 황교선 고양시장까지도 상업지역에 숙박시설을 허용하는 현행법대로 업무를 처리했을 뿐이라 강변하여 주민들을 더욱 분노케 했다.

나는 공대위 활동가들과 함께 만나 자료들을 살피고, 상황을 파악해갔다. 일산과 같은 신도시는 도시계획법이나 건축법에 따른 용도나 밀도 규제를 적용받는 것 외에 도시설계(현 지구단위계획)지침을 준수하도록 돼 있다. 도시설계지침을 확인하기 위해 '고양 일산지구 도시설계' 보고서를 입수하여 그 내용을 면밀히 검토했다. 검토 결과, 도시설계지침만으로도 현재 러브호텔이 들어와 있는 지역들에 숙박시설을 지을 수 없도록 조치를 취할 수 있었다.

러브호텔로 인한 문제가 아주 첨예하게 부각된 대화동 지역의 경우 아파트에 인접한 상업지역 열 개 필지에 학교보건법상 불허용도인 유흥시설과 숙박시설을 짓지 못하도록 엄연히 규정하고 있었다. 다만 학교환경위생정화위원회(이하 정화위)의 심의를 거쳐 예외를 인정할 수 있다는 조항이 부가돼 있을 뿐이었는데, 고양시는 위원회 심의에서 통과만 되면 자동으로 숙박시설 건설을 허가해 주고서는 법 타령을 하고 있던 것이었다.

학교 주변에 교육환경을 저해하는 시설들이 들어오지 못하도록 감시해야 할 정화위가 제 몫을 다하지 못한 것도 문제였다. 1998년부터 2000년 당시까지 고양시 정화위는 위원회에 상정된 안건 24건 중 23건을 통과시켰다. 정화위도 문제지만, 더 큰 책임은 도시계획을 엄정하게 집행하지 않은 고양시에 있다. 비록 예외 조항이 병기돼 있다 해도, 아파트에 인접한 상업지역에는 학교보건법상의 불허용도 즉 유흥시설이나 숙박시설을 허가하지 말라는 것이 고양 일산지구 도시설계의 분명한 지침이고, 그것이 고양시가 따라야 할 도시계획의 방향이기 때문이다. 그럼에도 불구하고 예외 조항을 적용해서 허가해놓고서는 법대로 했다며 항변하는 것은 올바른 도시계획의 자세라 할 수 없다.

고양시 러브호텔 문제가 연일 신문과 방송에 보도되면서 사회적 파장은 더욱 거세졌고 반대 운동 또한 더 강성해졌다. 안티 러브호텔 사이트가 개설돼 시민들의 서명을 받기 시작했고, 9월 말에는 경기 서부 지역 16개 성당의 신부들이 선언문을 발표하기도 했다. 10월 초에는 국회에서 러브호텔 문제를 논의하고 생활환경 유해업소 난립 방지를 위한 입법을 촉구하는 간담회를 열었다. 몇 차례 시장 면담을 통해 해결책을 모색하던 공대위는 더 이상의 가능성이 없음을 확인하고 고양시장 퇴진 운동을 전개했다.

2000년 10월 15일에는 '러브호텔 및 유흥업소 난립 저지를 위한 고양 시민 행동의 날' 행사를 열어 대화역에서 미관광장을 거쳐 백석역까지 수많은 시민들이 참여하는 가두행렬을 벌이기도 했다. 유해업소 추방에 뜻을 함께하는 시민들은 자신의 아파트 발코니에 '유해업소 추방'이라 적힌 노란 깃발을 내걸기 시작했다.

시민 100인의 일산 가꾸기 선언

공대위와 별도로 일산에 살고 있는 이들의 뜻을 모아 목소리를 내어보자는 취지의 모임도 결성했다. 가칭 '일산을 사랑하는 주민들의 신도시 선언'을 준비하는 모임이 8월 말 저동초등학교 옆 작은 식당에서 처음 열렸다.

참석 요청을 받고 모임에 가보니 언론계, 학계 등 여러 분야의 전문가들이 자리해 있었다. 모두가 함께 논의를 이어갔고, 우리 주민들이 일산 신도시를 스스로 지키고 가꾸겠다는 의지를 담은 선언문을 발표하자는 데 뜻을 모았다. 8월 말 선언문의 초안을 직접 작성했고, 100명의 참여자를 확정한 뒤 10월 18일에 일산을 사랑하는 시민 100인의 '일산 가꾸기 선언'을 발표했다.

일산 가꾸기 선언은 고백록 아니 참회록에 가깝다. 일산에 살면서 일산이 이 지경에 이르도록 아파하고 있는데도 그저 내 삶, 내 일 챙기기에 급급했던 부끄러운 시민이었음을 반성하는 아픈 고백을 담고 있다. 참회에 그치지 않고 삶터를 지키는 시민으로 거듭나겠다는 다짐도 밝혔다.

마을과 도시를 지키는 사람들

고양시에서 벌어졌던 러브호텔 반대 운동은 주민운동의 대표적 사례라 할 수 있다. 주거환경과 교육환경이 위협을 받고 있는 마을과 도시를 지키기 위해 주민이 스스로 나섰던 것이다. 반대 운동의 결과로 고양시 교육장이 사퇴했고, 재선을 노리던 고양시장도 경선에서 패배하여 뜻을 접어야 했다. 고양시의 러브호텔 반대 운동은 여러 의미를 남겼다.

가장 의미 있는 성과는 주거환경을 지키고자 했던 주민운동이 특정 지역에 머물지 않는 전국적인 시민운동으로 확산되었다는 점이다. 이를 통해 정부의 유해업소 규제책이 마련되었고 관련 법령도 개정되었다. 고양시에서 시작된 러브호텔과 유흥업소 반대 운동이 점차 주민과 시민의 호응을 얻어 힘을 모으고 언론을 통해 널리 알려지면서 다른 도시에서도 러브호텔 반대 운동이 확산됐다. 이에 따라 미착공 상태의 러브호텔과 유흥업소에 대한 건축허가 취소 결정이 곳곳에서 이어졌다. 이윽고 2000년 10월에는 '러브호텔 반대 전국 공동대책위원회'가 결성돼 전국적인 운동으로 확대됐다.

이후 정부의 관계 부처와 국회 차원에서도 숙박시설 및 유흥업소 규제 문제가 핵심 쟁점으로 다루어져 활발한 법 개정 논의로 이어졌다. 그해 12월에는 주거환경이나 교육환경을 위협하는 위락시설이나 숙박시설에 대한 허가권자의 권한을 강화하는 건축법 개정이 이뤄지기도 했다. 이를 시작으로 2001년부터 2003년 사이에는 도시계획법 시행령, 공중위생관리법, 학교보건법 등 관련 법령 개정이 모두 이뤄졌다.

이러한 변화에도 불구하고 문제의 발단이 되었던 고양시 일산서구 대화동의 러브호텔 단지는 지금도 영업을 계속하고 있다. 법률 개정이 이뤄졌어도 이미 허가를 받아 영업 중인 숙박시설을 강제로 닫게 할 수는 없기 때문이다. 러브호텔 건물을 매입해서 작은 도서관이나 어린이를 위한 시설로 리모델링하자는 기발한 아이디어들도 제시됐으나 실현되지는 못했다. 그럼에도 주민들의 끈질긴 투쟁은 값진 성과를 거뒀다. 법률이 개정돼 더 이상 단체장들이 "법대로 했다"는 핑계를 댈 수 없기 때문이다.

부평시장의 진짜 상인들

세상 어디에도 없는 상인들

상인들을 먹여 살려준 시민사회에 보답해야 합니다. 우리 시장을 단순히 물건이나 사는 곳이 아닌 문화의 거리, 휴식의 거리, 만남의 거리로 돌려줘야 합니다. 시장을 행복한 장소로 만들어 시민에게 보답해야 합니다.

이런 상인들을 혹시 만나본 적 있는가? 없다면 날을 잡아 부평역 앞 부평 문화의 거리로 가서 한번 만나보라. 시민들에게 물건만이 아니라 행복을 선물하려는 상인들을 만난다면 기분이 참 좋아질 것이다.

마을과 도시를 공부하면서 수없이 많은 사람을 만난다. 그리고 깜짝깜짝 놀란다. 나를 깨우치는 선생님들이 마을에, 도시에, 골목에, 재래시장에 참 많이 있다. 부평 문화의 거리를 이끌어온 인태연 회장도 그중 한 분이다. 서울 성북구에서 진행하는 마을 만들기 강의에 초대된 그는 부평 문화의 거리의 역사를 비롯해 기업형 슈퍼마켓SSM에 맞서 재래시장을 보호해온 그들의 노력과 그들이 꿈꾸는 마을 만들기에 대해 힘 있게 이야기했다. 몇 명만 듣기에는 너무도 아까운 그의 열강을 이곳에 옮겨본다.

차 없는 거리 만들기

부평 문화의 거리는 13년 전 차 없는 거리 만들기에서 시작되었다. 자동차보다는 사람이 우선인 거리를 만들어 시민들이 편안하게 물건도 사고, 삶의 여유도 즐기고, 문화도 맛볼 수 있는 거리를 만들어보자는 상인들의 꿈에서 시작됐다. 그러나 차 없는 거리의 꿈은 이내 난관에 부딪힌다. 가장 먼저 노점 상인들이 거세게 반대했고, 구청, 인근 상가의 상인, 자동차 이용에 길들여진 고객들까지도 모두 반대했다. 지금이야 차 없는 거리가 도처에 흔하지만 당시 차 없는 거리는 모두에게 낯선 꿈이었다. 노점과 행정처를 어렵게 설득하여 1997년 공사가 시작됐고, 1년 후 차 없는 거리가 만들어졌다. 그리고 부평의 재래시장을 문화의 거리로 가꾸기 위한 마을 만들기가 지금까지 이어지고 있다.

우리가 만드는 부평 문화의 거리

부평 문화의 거리는 독특하다. 가장 큰 특징은 말 그대로 주민이 주도해온 마을 만들기라는 점이다. 주민들이 주도한 덕에 마을 만들기는 매우 창의적이고 거리낌이 없다. 우리들이 꿈꾸는 것을 우리들 손으로 만든다는 것이 중요하다. 또 다른 특징은 역사성이다. 부평 문화의 거리는 끊임없이 진화해왔다. 붉은 벽돌 바닥 포장은 전국에서 유일한 부평만의 특징이다. 수많은 갈등을 풀어냈고, 극과 극에 섰던 주체들이 화합을 이뤘다. 부평 문화의 거리를 만들어온 오랜 시간을 통해 상인들은 관심과 사상의 영역을 확대해왔다. 마을 만들기를 통해 사람 만들기가 이루어진 셈이다.

우리는 깨달았다. 부평 문화의 거리가 살기 위해서는 부평 재래시장 전체가 살아야 하고, 부평 재래시장이 살기 위해서는 우리나라 재래시장이 죽지 않고 살아남아야 한다는 것을. 기업형 슈퍼마켓 반대 운동의 발원지가 바로 이곳이었고, 자전거 도시 인천 만들기도 여기에서 시작됐다.

노점과 합의, 한평공원 만들기

시장 상인들과 노점 상인들은 견원지간이다. 부평 문화의 거리를 만드는 과정에서도 둘 사이의 갈등은 아주 깊었다. 그러나 그들은 마침내 갈등을 풀고 합의를 이뤘다. 노점을 인정하고 합법화하되 규칙을 준수한다는 것, 이것이 합의 조건이었다. 노점이 준수해야 할 조건은 두 가지였다. 첫째는 노점의 매매를 금지하는 것이고, 둘째는 영업 후 노점을 이동한다는 것이었다. 그 결과 108개였던 노점이 지금은 17개로 줄었다. 자릿세를 받으려고 장사를 하지 않는 노점까지 길거리에 몰려 있었지만, 합의 이후 노점이 점차 줄어들었다. 노점이 차지했던 공간이 시민에게 되돌아갔고, 노점은 더욱 깨끗해졌다. 저녁

부평 문화의 거리 안에 주민들이 직접 만든 한평공원.

마다 노점을 옮기는 것이 문제였는데, 골프장의 전동차를 한 대 구입하여 문제를 해결했다.

노점이 줄어든 곳에 한평공원이 만들어졌다. 상인들은 한평공원을 만들 때에도 적극적으로 참여했다. 전문가들 눈에는 어설퍼 보일지 몰라도, 우리가 손수 디자인한 한평공원이라 더욱 특별하고 소중하다.

상인들이 스스로 지키는 거리

부평 문화의 거리 구석구석에는 상인들의 손때 묻은 흔적과 디자인이 그대로 남아 있다. 흉물스럽던 배전반의 디자인도 몇 차례 진화해서 지금은 멋진 큐브로 재탄생했다. 공연장도 여러 번 변신을 거쳤다. 처음에는 바닥을 조금 높

① 색색의 큐브 형태로 진화한 배전반. 보기 흉한 전기 시설인 배전반을 가리기 위한 디자인도 여러 차례 변했다.
② 부평 문화의 거리 안에 만들어진 공연장. 공연장의 벤치에는 상인들이 써 붙인 '금주, 금연구역' 문구가 보인다.

여 무대를 만들었는데, 그 뒤 무대를 높이고 지붕까지 만들었다. 지금도 처음의 바닥 무대가 무대 안에 고스란히 남아 있다. 공연장은 금주, 금연구역이다. 상인들은 벤치마다 '금주, 금연구역'이라는 문구를 써 붙였다. 그래야 이곳을 문화 공간으로 지킬 수 있다고 생각했기 때문이다. 사람들이 이곳에서 담배를 피우면 인근 가게 상인들이 나와서 금연구역임을 일러준다. 가끔은 실랑이도 벌어지고 싸움도 생기지만 상인들의 노력으로 금주, 금연구역은 이제 자리를 잡았다.

　벤치에 달려 있는 쓰레기봉투도 인근 가게 상인들이 걸었다. 쓰레기봉투가 차면 바로 치우고 또 새 봉지를 매단다. 누가 시켜서 하는 게 아니라 상인들이 스스로 한다. 문화의 거리 바닥에는 노란 선이 있는데 상인들이 스스로

① 벤치에 상인들이 매단 쓰레기봉투. 봉투가 채워지면 상인들이 수시로 바꾸어 단다.
② 가게 앞에 물건을 내놓을 수 있는 공간의 범위를 정해주는 노란 선은 상인들이 스스로 정한 규칙이다.

정한 선이다. 어느 가게에서도 이 선을 넘어 물건을 내놓지 않는다. 함께 지켜야 할 규칙이 있고 그 규칙이 틀림없이 지켜지는 곳, 이곳이 부평 문화의 거리다.

2층으로 할까요? 3층으로 할까요?

첫 번째 MP 역할

평생 'MP'라는 걸 딱 두 번 해봤다. MP란 마스터 플래너$^{Master Planner}$, 우리말로 옮기자면 총괄계획가다. 총괄계획가란 특정 프로젝트의 계획 수립 전 과정을 진행하고 조정하는 전문가를 말한다. 꽤 오래전부터 역할의 필요성이 논의돼 오다가 2006년 7월 도시재정비 촉진을 위한 특별법이 제정될 때 총괄계획가란 명칭으로 제도화돼 현재 많은 지방자치단체들이 활용하고 있다.

    서울시 강동구 암사동 서원마을은 서울시가 2008년 여름부터 시작한 이른바 '살기 좋은 마을 만들기형 지구단위계획 시범사업'의 대상지 가운데 하나였다. 사업 명칭이 너무 길어 첫 글자를 모아 '살마지사업'이라 줄여 불렀다. 서원마을은 서울시가 북촌 한옥마을에 이어 일반 단독주택지역에서 두 번째로 마을 만들기 실험을 시작한 현장이었다. 그곳에서 2년여 간 총괄계획

서울 강동구 암사동 서원마을. 서울에서 드물게 남아 있는 단독주택 마을이다. ⓒ유나경

가로 참여한 시간은 잊지 못할 소중한 경험이었다.

서울시에 얼마 남지 않은 저층 주거지가 사라지는 것을 막고 살기 좋은 마을로 보전하기 위한 시범사업을 서울시 행정부시장 방침으로 정하면서 살마지사업이 시작됐다. 이후 자치구 공모를 거쳐 강동구 서원마을, 강북구 능안골, 성북구 선유골, 강서구 내촌마을이 시범사업 대상지로 선정됐다. 기술용역사 선정 후 서울시, 자치구, MP 자문단, 기술용역사가 함께 참여하는 실무협의체를 구성하고 2009년 4월, 마을계획 수립에 착수했다.

주민들과 함께 세운 마을계획은 2010년 한 해 동안 시장 보고, 주민 설명회, 주민 의견 조사, 열람 공고, 실시설계 발주 및 설계안 확정, 위원회 자문 및 심의 등의 절차를 밟은 뒤 그해 10월 21일에 지구단위계획이 결정 고시됨으로써 최종 확정됐다. 2011년 3월에 착공하여 마을 회관, 어린이 놀이터 건립, CCTV 설치 등의 공사가 연말에 모두 완료됐다.

높은 담장을 나지막한 투시형 담장으로 바꾸는 공사도 함께 진행됐다. 골목길을 채우던 차들이 집 안마당에 만든 주차장으로 옮겨져, 골목이 사람의 공간으로 되돌아갔다. 담장을 허무니 집집마다 환히 들여다보여 이웃 관계가 더욱 친밀해졌고, 아주 놀라운 변화도 일어났다.

신뢰 쌓기

서원마을에서는 그동안 많은 일들이 있었다. 주민들이 직접 마을계획을 세우는 일은 쉽지 않다. 그러나 그에 앞서 주민들과 서울시, 자치구 담당자들 사이에 신뢰를 공고히 하는 일은 더욱 어렵다. 대개 행정에 대해 신뢰보다는 불신과 불만이 많기 때문이다. 주민들과 함께 마을계획을 세우는 과정에서도 두세 번의 고비가 있었다. 첫 번째 고비가 바로 신뢰 쌓기였다.

서원마을이 살마지사업의 대상지가 되었던 데에는 서울에 얼마 남지 않은 단독주택지였다는 것 말고도 다른 이유가 있었다. 서원마을 바로 뒤로 암사대교가 지나가는 공사가 시작되면서 주민들의 반발도 컸고, 주민들과 강동구청에서 여러 대책을 고민했던 것도 계기로 작용했다. 그래서인지 처음 만난 주민들은 쌀쌀맞고 까칠했다. 주민들은 암사대교 공사에 대한 반발을 무마하기 위한 사탕발림 아니냐며 살마지사업의 속내를 미심쩍어 했다.

실력과 감각을 겸비한 코레스엔지니어링의 유나경 소장과 계획팀이 주민들과의 첫 만남을 잘 준비했고, 만나는 횟수가 늘어갈수록 신뢰가 조금씩 자랐다. 주민들과 만난 지 녁 달이 지났을 무렵, 그해 처음 서울시 주최로 심포지엄이 열렸는데 이 자리에 서원마을 주민들도 몇 분 참석하셨다. 함께 참석했던 마을 통장님이 심포지엄을 보고서는 긍정적인 모습으로 바뀌어 마음이 놓였다. 그러나 위기도 있었다. 어느 날 계획팀 유나경 소장에게서 전화가 왔다. 너무 힘들어 일을 못할 것 같다는 이야기를 듣고, 차근차근 물어보니 상황을 어느 정도 파악할 수 있었다. 서원마을 계획팀은 모두 여성이었는데, 서원마을 주민 대표들과의 관계에서 참기 힘든 일이 여러 차례 있었던가 보다. 나이 많으신 주민 분들이 계획팀을 지나치게 하대하거나 심하게 나무라서 인격적인 모욕을 느끼기도 했다고 한다. 있을 수 있는 일이다. 주민들은 늘 자신의 이익에 민감하기 때문이다. 신뢰가 충분히 쌓이기 전까지는 공무원이나 계획팀에게 친절하기란 쉽지 않다. 혹시라도 자기 이익에 반하는 상황이 벌어지면 화를 퍼붓기도 한다. 결국은 관계 문제였다.

　마을 회장님과 소주를 마시며 이야기를 나눴다. 계획팀이 그동안 성취한 일들도 소개했다. 북촌 한옥마을과 명동에서 오랜 시간 주민들과 부대끼며 지구단위계획을 세웠고, 현재 서원마을뿐만 아니라 성북구 선유골과 강북구 능안골, 강서구 내촌마을에서도 마을계획을 세우고 있는 전문가임을 알려드렸다. 팀원 대부분이 젊은 여성들이라 주민들과의 관계에서 어려움을 느끼는 것 같다는 이야기도 살짝 건넸다. 잘 알겠다는 흔쾌한 대답에 안도감이 몰려왔다.

2층 대 3층

두 번째 고비는 높이 논란으로 빚어졌다. 원래 서원마을은 법적으로 3층(11미터)까지 건물을 지을 수 있는 곳이다. 그런데 첫 번째 주민 설명회에서 주민

한 분이 마당이 있는 동네를 유지하려면 3층을 허용해서는 안 된다는 의견을 냈고, 주민 간 의견 대립이 팽팽했다. 지금처럼 2층까지만 집을 짓고 살아야 너른 마당이 있는 정취 있는 동네가 유지되지 3층 높이를 허용하면 건물이 점차 높아지고, 볕도 들지 않는 삭막한 동네로 변할 것이라는 우려 섞인 주장이었다. 반대 의견도 강했다. 높이 제한은 주민의 재산권과 직결되는 문제인데 2층으로 규제한다면 재산권 손실과 다름없다는 의견이었다. 결국 주민 의견을 모으기 위한 방편으로 투표를 실시했다.

2010년 2월 25일 마을 총회를 열어 주민 투표를 실시했다. 마을 내 총 64동 가운데 56동의 주민들이 투표에 참여했고, 그 가운데 48동의 주민이 2층(8미터) 규제안을 선택했다. 놀라운 결과였다. 투표에 참여한 주민의 85.7퍼센트가 자기 집의 높이를 규제하는 쪽을 선택한 것이다. 규제를 풀어달라는 것이 일반적인 주민의 요구였는데, 주민들 스스로가 오히려 규제 강화를 선택한 것은 우리나라 도시계획 역사에 남을 아주 획기적인 사건이었다. 그러나 어찌 보면 당연한 선택일 수 있다. 내 집과 우리 마을을 '비싸게 팔고 떠날 곳'이 아닌 '오래 살아갈 곳'으로 생각하고 실천한 지혜로운 결정이었기 때문이다.

마당이 헐리고 벌어진 일들

서원마을이 언론에 여러 번 소개되면서 찾아오는 이들도 많아졌다. 마을 만들기와 마을공동체에 관심 있는 시민들과 전국의 공무원, 외국 교수들을 비롯한 여러 전문가들도 마을을 방문한다. 나도 종종 서원마을을 찾아가는데 특히 현장 수업을 위해 학생들과 방문할 때가 많다. 2012년 가을날 대학원생들과 함께 서원마을을 찾았다. 주민들에게 폐가 될까 봐 조용히 마을을 돌아보고 나오다 마을 회관 앞에서 통장님과 마주쳤다. 통장님의 초대로 2층 작은 도서관에 올라가니 따뜻한 차와 귤도 내주신다. 작은 도서관은 아담했다. 살마지사업이 일회성으로 끝나지 않고, 주민들이 함께 도서관을 꾸미고 책도 나눠 읽으니 그 모습이 참 좋아 보였다. 작은 도서관에서 여러 가지 활동도 시작 중이라 한다. 마을 간사 분이 학생들에게 서원마을을 소개해주겠다며 빔 프로젝터를 켠다.

여러 사진 중 특히 눈길을 끄는 사진이 있다. 마을 잔치 풍경인데 2012년 한 해 동안 잔치가 아주 여러 번 열렸단다. 그런데 그 이유가 더욱 놀랍다. 한 해 동안 마을에서 시집, 장가간 사람이 열한 명이나 된단다. 나이 지긋한 독신 여교수도 시집을 갔고, 마을 처녀 총각이 눈이 맞아 결혼한 경우도 있단다. 어쨌든 한 해에 마을에서 이처럼 많은 혼례가 있었다는 것은 대단한 뉴스였다. "남상을 허불어서였겠지요." 농담 삼아 툭 던진 말에 다들 깔깔깔 웃는다. 집집마다 담을 치고 살다가, 그 담을 허물고 나면 어디 마당만 보이겠는가. 그

살마지사업으로 새로 지어진 마을 회관. 2층에 도서관이 있고, 주민들이 스스로 도서관을 관리하면서 다양한 프로그램들을 운영하고 있다.

집에 사는 사람들도 보이고 또 자주 보면 눈도 맞고 중매도 서지 않았겠는가. 담장 허물기가 마을 사람들의 삶을 조금 더 살갑게 엮어준 듯하다.

그 후 구로구 온수골에서 두 번째로 총괄계획가 역할을 맡았는데 지금 생각해도 참 잘한 일 같다. 주민들과 부대끼면서 마을계획을 세우고 계획한 일들이 하나하나 실현되는 걸 주민과 함께 지켜보는 일, 이것이야말로 도시를 공부한 사람들이 할 수 있는 가장 멋진 일이 아닐까.

원래 있던 높은 담을 허물고 나지막한 투시형 담장으로 바꾼 뒤의 서원마을. 담장이 헐리고 시야가 열리면서 마을에 많은 변화가 찾아왔다.

원순 씨와 마을공동체

희망서울 정책자문위원회

서울시장 보궐선거가 2011년 10월에 열렸다. 서울 시민이 선택한 새로운 시장은 스스로를 소셜 디자이너라 부르며 창의적 아이디어를 통해 사회 변화를 모색해 온 박원순 변호사였다.

박원순 시장 취임 이후 서울 시정의 밑그림을 마련하기 위한 '희망서울 정책자문위원회' 자문위원 위촉식 및 첫 회의가 11월 14일 이른 아침 서울시청 대회의실에서 열렸다. 54명의 위원들이 총괄분과, 복지여성분과, 경제일자리분과, 도시주택분과, 안전교통분과, 문화환경분과, 행정재정분과에 배치됐다. 나는 도시주택분과 자문위원으로 위촉되어 그날 회의에 참석했다. 박원순 시장과는 안면만 있는 정도로 긴밀한 관계를 맺은 적은 없었다. 인연이라면 박원순 시장이 상임 이사로 있었던 희망제작소에서 몇 번 강의를 한 것이 다였다. 시장 선거 기간 중 캠프에 참여하지도 않았고 개인적인 인연이 깊지도 않았는데 정책자문위원으로 불러준 것은 아마도 시정개발연구원 재직 중 수행해온 서울시 도시계획과 도시설계 분야 정책 연구 경험, 특히 그중에서도 마을 만들기 때문인 듯했다.

풀뿌리 활동가들이 만든 마을공동체의 밑그림

희망서울 정책자문위원회가 출범되고 며칠 지나지 않아 조찬 회의에 참석해달라는 요청을 받았다. 박원순 시장과 시청의 간부, 담당자 그리고 성미산마을의 활동가를 비롯한 여러 풀뿌리 활동가들이 참석했다. 박원순 시장은 풀뿌리 활동가들에게 서울시의 마을공동체 행정의 방향과 구체적인 사업을 직접 만들어 달라 부탁했다.

2011년 11월 26일, 서울 각지에서 마을 만들기를 꿈꾸고 실천해온 활동가 100여 명이 마포구청 4층 시청각실에 모였다. 서울에서 마을공동체를 되살리고 키워나가기 위해 성미산마을을 비롯해 성북, 은평, 도봉, 관악 등 여러 지역의 활동가들이 한데 모인 것이다. 토요일 오후 이렇게 많은 사람들이 모인 걸 보고 깜짝 놀랐고 이내 가슴이 뛰었다. 출발이 좋았다. 행정이 만들고 시민이 따르는 게 아니라, 시민이 길을 열고 행정이 뒷받침해주는 구도가 든든했다. '시민이 시장입니다.' 박원순 시장이 취임식 때 내걸었던 캐치프레이즈다. 그 말이 공언空言이 아님을 그날의 모임이 보여주고 있었다. 그 후 풀뿌리 활동가들은 수시로 모여 회의를 가졌고, 분과 활동을 통해 의견을 모아갔다. 페이스북에 그룹도 만들고, 포털 사이트에 카페도 만들어 온, 오프라인 소통을 병행하기도 했다. 그 과정을 거쳐 서울시 마을공동체 행정의 토대가 세워졌다.

서울시 마을공동체 행정의 출발

밑그림대로 서울시 마을공동체 행정을 위한 준비 작업이 속속 이뤄졌다. 2012년 초 서울시 조직 개편 때 서울혁신기획관이 신설됐고, 그 아래에 사회혁신담당관, 갈등조정담당관과 함께 마을공동체담당관이 새롭게 배치됐다. 서울시의 마을공동체 행정을 전담하는 과급課級 규모의 전담 조직이 만들어진 것이다. 3월에는 '서울특별시 마을공동체 지원 등에 관한 조례'가 제정됐다. 조례에는 마을공동체 기본계획 수립, 행정협의회 운영, 마을공동체위원회 운영, 마을공동체 지원사업, 마을공동체 종합지원센터 설치 등에 관한 내용이 포함됐다.

    같은 해 5월 8일에는 마을공동체 시민토론회라는 특별한 자리가 마련됐다. 마을공동체 사업의 비전과 방향을 시민과 함께 고민하는 자리였다. 이날 토론회는 교통방송과 아프리카TV로 생중계됐고, 트위터를 통해서 의견을 받는 방식으로 진행됐다. 이를테면 마을공동체를 주제로 한 100분 토론으로 좌장을 맡아 토론을 진행했다. 박원순 시장과 부시장, 서울시 실국장 등 공무원들도 자리했고, 마을공동체에 관심이 많은 시민들과 풀뿌리 활동가, 각계 전문가도 함께 참여해 열기가 뜨거웠다. 서울시의 마을공동체 행정의 방향을 잡아주고 이끌어줄 서울시 마을공동체위원회가 조직되고, 은평구 불광동 옛 질병관리본부 터에 서울시 마을공동체 종합지원센터가 문을 여는 등 마을공동체 사업은 빠르게 터전을 다져갔다.

2013년 마을공동체 사업

2012년이 마을공동체 행정을 위한 준비 기간이었다면 2013년은 마을공동체 사업이 본격화되는 첫 해가 될 것이다. 각 사업의 내용은 아주 다채롭다. '마을이 아이를 키웁니다'를 구호로 내걸고 있는 부모 커뮤니티 지원사업과 공동육아 지원사업이 있고, 아파트, 다문화, 상가, 한옥 마을공동체 등 다양한 마을공동체 활동 지원에 이르기까지 면면이 아주 다양하다. 부모 커뮤니티 지원사업의 경우 부모 모임 200개를 대상으로 활동에 필요한 비용을 각 500만 원까지 지원한다.

마을의 문화인프라를 구축하는 사업도 포함돼 있어, 북카페형 마을도서관, 청소년 휴카페, 마을예술창작소를 만들고 운영에 필요한 비용은 물론 인력도 지원된다. 마을기업과 청년들의 일자리 창출도 돕는다. 뿐만 아니라 주민들이 마을계획을 세우고 그 계획을 실천에 옮기는 일을 단계적으로 도와주는 우리 마을 프로젝트도 시작된다. 주민 3인 이상의 작은 공동체가 주체가 되어 제안할 수 있고, 씨앗단계(150만 원), 새싹단계(500만 원), 희망단계(2000만 원)까지 단계별로 비용이 지원될 뿐만 아니라 복잡한 회계나 제안서 작성 등에 관한 상담과 교육 등도 맞춤형으로 제공된다.

2013년에 시작되는 마을공동체 사업은 마을공동체 종합지원센터가 일선 창구와 허브 역할을 맡고 서울시와 자치구의 관련 부서들이 긴밀히 협력하여 사업을 추진할 예정이다. 마을의 관계망 형성과 공유 공간 만들기를 통해 서울 전역에서 마을공동체가 형성되어, 마을공동체를 중심으로 다양한 주민 요구를 채우고 문제를 풀어가는 긍정적 변화가 일어나길 기대한다.

원순 씨가 꿈꾸는 마을과 마을공동체

『원순씨를 빌려 드립니다』라는 책을 출간해서인지 박원순 시장을 친근하게 '원순 씨'라 부르기도 한다. 원순 씨는 책을 참 많이 쓴 사람이다. 『마을에서 희망을 만나다』(2009), 『마을이 학교다』(2010), 『지역재단이란 무엇인가』(2011) 등 2009년부터 2011년까지 마을공동체와 관련해서 원순 씨가 출간한 책만 모두 열 권이다. 원순 씨는 서울시장이 되기 전부터 마을에서 희망을 보고 마을공동체를 꿈꾼 사람이다. 그가 쓴 책들이 이를 잘 말해주고 있다.

'마을 안에 국가가 있다'라는 옛말이 있다. 마을의 작은 변화를 통해 국가가 변화할 수 있음을 의미한다. 원순 씨는 그 말을 가장 굳게 믿고, 치밀하게 현장을 돌며 실천해온 사람 같다. 갑자기 서울시장이 된 것처럼 보이지만 실은 가장 오랫동안 시장이 되기 위한 준비를 해온 사람이다.

원순 씨는 왜 마을에서 희망을 볼까? 수없이 얽히고 설킨 도시 문제를 마을공동체를 통해 어떻게 해결하려는 것일까? 서울시 인재개발원에서 원순 씨가 했던 '마을을 품은 서울'이란 강의를 들여다보면 원순 씨가 꿈꾸는 마을공동체의 모습을 분명히 알 수 있다.

지금 여러분은 사랑하는 사람과 함께 살고 있나요? 우리는 왜 살까요? 사는 이유를 알지 못한 채 하루하루를 쳇바퀴 돌 듯 살고 있지는 않습니까? 돈 때문에 산다는 분들도 있습니다. 그런데 우리가 과연 돈 때문에 살까요? 행복하기 위해 사는 게 아닌가요? 혼자 죽어가는 고독사와 자살은 우리가 너무나 외로운 사회에서 살고 있다는 것을 보여줍니다. 높은 자살률, 세 쌍 중 한 쌍이 이혼할 만큼 높은 이혼율은 관계망이 끊어진 상태, 무연사회에서 살고 있음을 생생하게 보여줍니다. 우리의 행복지수는 세계에서 거의 꼴찌 수준입니다. 우리보다 못사는 사람들은 행복하다고 느끼는데 우리는 왜 이렇게 스스로 불행하다고 생각하며 살까요? 네덜란드 청소년의 94퍼센트는 행복하다고 생각하는데, 우리 학생들은 절반 가까이 불행하다고 느끼며 삽니다.

그렇다면 행복은 어디에 있을까요? 바로 마을에 행복이 있습니다. 왜냐하면 관계가 있기 때문입니다. 마을은 생존 경쟁에서 받은 상처를 치유해줍니다. 마을에서 우리는 인생의 짐을 내려놓고 편히 살 수 있습니다. 영국인들은 퇴근하면 마을 술집인 펍에 가서 이웃과 함께 술 한잔 기울이며 서로 이야기를 나눕니다. 그렇게 쉬면서 스트레스를 풉니다. 마을은 그래서 힐링캠프입니다. 서로 잘 알고 또 돌봐주는 마을은 가장 안전한 곳이자 복지의 장소입니다. 마을은 학교이기도 합니다. 옛날엔 학교에 다니지 않아도 마을에서 모든 것을 다 배우지 않았습니까? 마을의 어른들에게 살아가는 법과 지혜를 배우지 않았습니까?

지금 우리는 제각각 떨어져 삽니다. 아이들은 아이들끼리, 어른들은 또 어른들끼리 따로따로 살아갑니다. 관계망 안에서 함께 살지 못합니다. 그런데 희망을 보여주는 마을도 있습니다. 삼각산 재미난 마을에서는 주민들이 가구도 만들고, 밴드도 만들고, 학교도 만듭니다. 시에서 지시한 게 아니고 마을에서 스스로 했습니다. 성미산 마을도 마찬가지입니다. 주부 다섯 명이 작은 도서관을 만드는 데에서 시작된 상도동 성대골마을은 마을 절전소로 발전합니다. 아마도 서울 최고의 에너지 자립 마을이 될 것으로 믿습니다. 제가 시장이 아니라면 골목에 들어가 헌책방 마을을 만들고 싶습니다. 장미꽃으로 뒤덮인 마을도 만들고 싶습니다. 문턱 없는 밥집, 커뮤니티 레스토랑도 만들고 싶습니다. 함께 밥을 먹는 사람들, 한솥밥 공동체를 말입니다.

사람이 모이면 꼭 일이 일어납니다. 마을공동체는 어렵지 않습니다. 쉬운 일입니다. 청주 어느 아파트에 이사 온 아이가 엘리베이터에 포스트잇을 붙이면서 큰 변화가 일어나지 않았습니까? 작은 쪽지 하나가 소통의 싹이 되고 관계망을 만드는 계기가 되지 않았습니까? 마을공동체는 서울시가 하는 게 아닙니다. 여러분들이 하는 것입니다. 서울시는 친구이자 동반자가 되어 함께 하겠습니다. 함께 꿈꾸고 함께 만들어간다면 가능합니다.

마을에 답이 있다, 마을공동체에 길이 있다

마을의 부활

도시 사람들이 한동안 버려두고 잊었던 마을에 다시 관심을 갖는다. 마을이 부활하는 시대에 살고 있는 듯하다. 왜 이런 현상이 나타날까? 마을과 마을 만들기가 시대의 화두가 된 것이 처음은 아니다. 1990년대 후반 새 천 년을 앞둔 시점에서도 마을과 마을 만들기는 뜨거운 관심사였고 희망이었다. 그리고 10년이 지난 지금, 다시 마을이 화두다. 그러나 이전과는 다르다. 10년 전의 마을 만들기는 새로운 희망을 갈망하던 운동이자 시범사업 정도였다. 하지만 지금의 마을 만들기는 여러 지방자치단체의 주요 정책으로 부상하여 활발하게 실행 중이다.

2010년 6월 지방선거 이후 여러 지방자치단체들이 마을 만들기 행정을 확대하고 있다. 이는 1960~1970년대 일본의 주요 도시에서 당선된 혁신 계열

단체장들이 주도한 도시 정책과 유사하다. 민선 5기 서울시 행정의 중심부에 마을 만들기와 마을공동체가 중요하게 자리하고 있는 현상을 어떻게 보아야 할까? 지금 우리의 마을 만들기와 마을공동체는 두 가지 관점으로 볼 수 있다. 하나는 '재개발의 대안'으로서의 마을 만들기이고, 다른 하나는 온갖 난마처럼 얽혀 있는 '도시 문제의 해법'으로서의 마을공동체다.

재개발의 대안, 마을 만들기

2000년 이후 서울시는 마을 만들기 실험을 계속해왔다. 재개발, 재건축, 뉴타운사업이 대세를 이루어 서울을 휩쓰는 와중에 시작된 마을 만들기 실험은 특이한 일이었지만 점차 확산됐다. 북촌 한옥마을에서 처음 시작된 마을 만들기 실험은 이후 서촌 지역으로 확대됐고, 한옥마을이라고 하는 특별한 주거 유형에 머물지 않고 단독주택, 다가구, 다세대주택지역으로 점점 확산돼왔다. 이들 실험은 제각각 다른 모습으로 전개됐으나, 건물과 마을을 온통 다 철거한 뒤 새로 짓는 재개발 방식이 아닌 새로운 대안으로서 마을 만들기의 가능성을 타진하고 확인해왔다는 점에서는 하나의 흐름으로 볼 수 있다.

    지금은 국내외 관광객들이 즐겨 찾는 명소가 된 북촌 한옥마을 또한 재개발로 전면 철거될 위기에 처했었다. 1997년 초 종로구에서 북촌 재정비계획을 세워 서울시에 승인을 요청했었는데, 역사가 아주 오래된 일부 한옥만을 남기고 북촌 전역을 재개발하여 빌라 단지로 바꾸겠다는 내용이었다. 서울시의 반대로 결국 북촌 재개발계획은 무산됐고, 주민들의 새로운 요구에 따라 2001년부터 북촌 가꾸기가 시작되어 현재에 이르고 있다.

주민의 의사를 존중한 한옥등록제 도입과 개보수 비용 지원, 일부 한옥 매입 및 활용, 골목길 환경개선사업 등을 골자로 했던 북촌 가꾸기 사업은 마을만들기 실험이기도 했다. 사라질 위기의 한옥마을을 지켜낸 것은 분명한 성과이나, 재정 지원의 혜택이 고스란히 소유주에게만 주어져 한옥 값이 폭등하고 젊은 주민들이 밀려나는 등 많은 문제도 드러났다.

북촌 가꾸기 사업이 어느 정도 자리를 잡아갈 무렵 서울시는 두 번째 마을만들기 실험을 시작했다. 오래된 단독주택지역을 아파트로 재개발하지 않고 주민들과 함께 마을계획을 세운 뒤 집도 고치고 담장도 허물고 길도 개선하고자 했던 '살기 좋은 마을 만들기형 지구단위계획 시범사업'이다. 이 사업은 2008년부터 2011년까지 강동구 암사동 서원마을, 강북구 능안골, 성북구 선유골에서 이루어졌다. 살마지사업은 이후 '서울휴먼타운사업'으로 명칭이 바뀌어 마포구 연남동, 서대문구 북가좌동, 동작구 흑석동, 금천구 시흥동, 성북구 길음동 등 다가구, 다세대주택 밀집 지역으로 확산됐다. 2011년 말에는 도시 및 주거환경정비법의 개정에 따라 철거 재개발형 정비사업이 아닌 마을만들기 방식의 '주거환경관리사업'이 도입되었다. 그 후, 서울시는 '주민참여형 주거재생사업'이란 이름으로 도봉구 방학동, 구로구 온수동 등지에서 마을만들기 실험을 계속 진행해 나가고 있다.

박원순 시장 취임 이후에는 마을공동체가 서울 시정의 핵심이 되었다. 이에 따라 대단위 철거 방식의 재개발, 재건축, 뉴타운사업을 전면 재점검하고, 실태 조사와 주민 의견 수렴을 지속하고 있다. 이른바 '뉴타운 출구전략'이 시행되고 있는 것이다.

오래된 건물이나 마을은 고쳐 쓰는 것이 상식이다. 물론 주거환경이 너무

열악하여 전면 철거하고 다시 지을 수밖에 없는 경우도 있겠지만, 그렇지 않은 경우라면 고쳐가며 쓰는 것이 자연스러운 일이고 다들 그렇게 하면서 살고 있다. 우리나라는 언제부터인지 20, 30년만 넘으면 철거하고 새로 짓는 게 일상이 됐다. 그것도 건물 한 채가 아니라 온 마을을 한꺼번에 몽땅 철거한다. 이 상황에서 마을 만들기 실험은 고쳐 쓰기가 집과 마을의 가치를 높일 수 있다는 것을 생생하게 보여주고 있다. 마을 만들기 실험이 아직은 작은 물줄기에 불과하지만 더욱 자라고 힘이 붙으면 우리의 건축 문화, 주거 문화, 도시 문화를 제자리로 돌려주는 도도한 물결이 될 수 있을 것이다.

도시 문제의 해법, 마을공동체

우리는 지금 수많은 문제들 속에서 살고 있다. 이 문제들은 도시에서 벌어지는 도시 문제이자, 대한민국 곳곳에서 두루 겪고 있는 국가 문제이며, 마을 공간 안에서 툭툭 터지는 마을 문제이기도 하다. 문제들의 양상은 아주 다양하다. 청년 백수, 스펙 경쟁, 88만원 세대, 사오정, 오륙도로 표현되는 일자리 문제가 있다. 여기에 서울시장 교체의 계기가 됐던 무상급식의 문제, 외국인 근로자, 다문화가정, 소년소녀가장, 독거노인 등 우리가 함께 돌보고 보살펴야 할 복지 문제도 만만치 않다. 우울증과 이혼율의 증가, 세계 최고의 자살률, 고독사 증가에 이르기까지 우리 사회가 점점 무연사회가 돼가는 것도 암울하기 짝이 없는 현실이다. 고령화와 저성장 시대, 양극화와 불균형, 아동과 여성을 대상으로 하는 성범죄에 이르기까지 이러한 문제들은 더욱 심각해지고 있다. 이것은 과연 개개인의 문제일까 아니면 우리 사회의 문제일까?

우리들을 괴롭히는 다양한 도시 문제들 아니 마을 문제들은 마을공동체의 와해와 깊이 연관돼 있다. 도시 문제들은 마을공동체의 관점에서 보아야 전모를 볼 수 있고, 마을공동체의 관점에서 풀어야 잘 해결할 수 있다. 한 마을에서 살아가는 사람들이 모래알처럼 따로 살고, 벌집처럼 격리되어 살아가는 삶의 방식이 바뀌어야 이 문제도 해결할 수 있기 때문이다.

문제를 해결하는 가장 좋은 방법은 문제가 없게 하는 것이다. 문제가 발생하게 될 여지를 없애는 것이 벌어진 문제와 싸우는 것보다 효과적이다. 어둠을 없애려 애쓰지 말고 불을 켜라는 말처럼 일일이 도시 문제와 싸울 게 아니라 문제의 씨앗을 아예 줄이고 없애는 것이 해법이다. 어떻게 하면 될까? '공유 공간'을 일구고 사람들의 '관계망'을 되살려야 한다. 다시 말해 마을이 말 그대로 마을이 되도록 마을공동체를 회복해야 한다. 살면서 마주하는 여러 가지 다종다양한 욕구를 시장에서 제각각 해결하기보다 마을의 관계망을 통해 충족하고, 삶의 터전을 개인 공간에서 공유 공간으로 조금씩 옮겨가는 것, 여기에 도시 문제와 마을 문제를 풀어가는 실마리가 있다.

지금은 누구나 살고 싶어 하는 성미산마을은 어떻게 시작되었는가. 각자의 욕구를 개별적으로 시장에서 해결하는 대신 관계망을 통해 공유 공간을 만들어 해결한 데서 비롯되지 않았는가. 변화는 이웃과 함께하는 것에서 시작됐다. 별다른 대안이 없어 울며 겨자 먹기로 아이를 어린이집에 맡기는 대부분의 사람들과는 달리 성미산 사람들은 그들이 꿈꾸는 어린이집을 이웃과 함께 만들었다. 어린이집에서 싹을 틔운 마을공동체의 꿈은 초중고 과정을 함께 담은 대안학교인 성미산학교로 나아갔고, 다시 반찬 가게로, 마을카페와 식당으로, 마을극장으로 넓어지고 있다. 그리고 이웃과 함께 행복하게 살기 위한 공동주택인 소행주(소통이 있어 행복한 주택)를 짓는 데까지 진화했다.

은평구 대조동의 꿈나무 어린이도서관과 동작구 성대골의 어린이도서관도 아주 작은 공유 공간에서 시작됐다. 아이들을 위한 작은 도서관을 만들고 함께 운영해온 학부모들이 서로 나누며 살아가는 삶의 재미에 푹 빠지게 된 것이다. 그들은 마을카페와 반찬 가게를 열었고, 다문화가정과 학교 밖 청소년들을 돌본다. 마을 살이의 시야와 영역은 에너지 자립 마을로까지 넓어지고 있다.

주민 전문가의 등장

모래알처럼 살아가던 마을 사람들이 서로를 드러내고 관계를 맺다 보면 깜짝 놀랄 일들이 종종 벌어진다. IMF 시기에 여러 아파트 단지에서 아파트 공동체 운동이 전개됐었다. 어려운 시기를 맞으며 한 푼이라도 아껴야 한다는 생각에서 아파트 관리비 절약 운동이 시작됐는데, 마을 주민 가운데 회계사들이 나서서 솜씨를 발휘했던 곳이 많았다. 마을 밖에서만 전문가로 살아가던 사람들이 마을에서 주민의 역할을 비로소 찾은 것이다.

내가 살던 일산 신도시 문촌마을 아파트에서도 비슷한 일이 있었다. 단지 외벽을 새롭게 칠하는 공사가 있었는데, 색채계획 전문가인 주민이 이웃을 위해 무료로 계획안을 만든 것이다. 우리 단지의 외관이 깔끔하게 바뀐 뒤로 이웃 마을에서도 변화가 일어났다. 우리 아파트와 비슷한 모습으로 외관을 바꾼 사례들이 하나둘 늘었다. 긍정적인 변화가 번져간 것이다. 멋진 색채계획을 만들어준 사람의 미담도 함께 번져갔다. 마을에는 수많은 전문가들이 살아가고 있다. 이웃과의 관계망을 회복하면, 살면서 마주하는 많은 문제들을 마을공동체 안에서 해결할 수 있다.

예전에는 아파트 현관마다 경비실이 있었는데 요즘에는 인건비를 아끼려고 경비실을 점점 줄이면서 카드와 카메라로 출입자를 통제하고 감시한다. 중국에 잠시 머물 때 하루 종일 엘리베이터를 지키는 사람을 보며 참 의아하게 생각했었다. 다시 돌아보니 경비와 청년 일자리 문제를 동시에 해결한 묘안인 듯하다. 일자리가 필요한 어르신들과 젊은이들이 마을 일 겸 아르바이트로 적은 보수를 받으며 마을을 지키면 어떨까? 마을 청년들이 동네를 순찰하고, 택배도 맡아주고, 마을의 일들을 관리해주는 협동조합 같은 걸 만들면 어떨까? 밤늦게 귀가하는 학생들을 데리러 집집마다 나가는 대신 아빠들이 팀을 짜서 카풀을 하면 안 될까? 아파트 단지와 주택가에도 지금보다 훨씬 더 많은 공유 공간을 만들면 안 될까? 작은 도서관도 만들고, 공부방도 만들고, 텃밭도 만들고, 공방도 만들고, 방음 시설 갖춘 연습실도 만들고, 카페도 만들고……

도시 문제의 해법도, 즐거운 마을 살이의 비법도 결국은 관계망과 공유 공간에 있다. 그 안에 교육 문제, 일자리 문제, 주거환경의 문제, 돌봄과 안전망 문제의 해결책이 있고, 문화와 예술을 누리고 키우는 비결이 담겨 있다. 결국 마을에 답이 있다. 마을공동체에 길이 있다. 선택하고 결심만 하면 된다. 모래알 시민, 벌집 속 주민으로 살아갈 것인가 아니면 마을공동체 안에서 마을 주민으로 살아갈 것인가?

5
—

참한 도시 공부하기,
참한 시민 되기

제인 제이콥스의 눈으로 도시를 보자

빛나는 전원도시 미화

지금부터 거의 반세기 전인 1961년, 제인 제이콥스는 세계적인 베스트셀러가 된 『미국 대도시의 죽음과 삶The Death and Life of Great American Cities』을 출간한다. 도시계획 전문가도 아닌 기자 출신의 평범한 시민인 제인은 이 책에서 당시 미국에서 진리로 여겨지던 도시계획을 조목조목 비판한다.

당대를 대표하는 도시설계 이론을 비판하는 역설적인 이론으로 주목을 받은 제인 제이콥스.

도시 외곽에 새로운 시가지를 조성한 뒤 중산층들을 대거 교외로 이주하게 한 현상은 물론이고 도심부에서 벌어진 재개발과 주거, 상업, 공업지역을 나누는 용도 분리도 문제가 있다고 꼬집어 말한다. 많으면 많을수록 좋은 줄 알았던 공원이나 오픈스페이스를 만드는 것도 역시 부작용이 있을 수 있음을 지적했고, 그 시기 교외 주거지 개발의 정석처럼 받아들여진 근린주구$^{\text{Neighborhood Unit}}$ 이론에 대해서도 이의를 제기한다. 이 이론은 새로운 마을을 만들 때는 반경 500미터의 보행 거리로 마을의 크기를 정하고, 마을 한가운데 학교를 두며, 보행 동선과 차량 동선을 구분하자는 교과서 같은 내용이었다. 한마디로 당대 도시계획과 도시설계에 대한 전면 비판이자, 대안으로 역설적인 진리를 담대히 제시한 것이다. 제인은 특히 당시 대표적인 도시설계 이론 세 가지를 포괄하여 '빛나는 전원도시 미화$^{\text{Radiant Garden City Beautiful}}$'라 칭하면서 이들 이론의 문제점을 상세히 폭로한다.

빛나는 전원도시 미화는 세 가지 도시설계 이론의 합성어로, 포함된 이론 중 하나는 당대 최고의 건축가이자 도시설계가였던 르코르뷔지에의 '빛나는 도시$^{\text{Radiant City}}$'이다. 좁은 길가에 저층 건물들이 밀집해 있는 파리나 런던의 오래된 동네와 달리, 넓은 공원과 오픈스페이스를 확보하고 초고층 건물을 듬성듬성 세워 자동차전용도로로 이를 연결하는 멋진 도시를 짓자는 것이었다. 사람들은 초고층 건물 안에서 살고 일하고 놀며 도시의 삶을 향유하고, 초고층 주변에는 넓은 녹지와 풍부한 햇볕이 가득한 오픈스페이스가 펼쳐지는 말 그대로 빛나는 도시를 만들자는 의견이었다.

또 다른 이론은 에버네저 하워드(Ebenezer Howard, 1850~1928)가 내세운 '전원도시$^{\text{Garden City}}$' 이론이다. 당시 영국은 공업화를 거치면서 주택난과 환경오염 등 복잡한 도시 문제를 겪고 있었다. 그는 교외에 농촌과 도시의 장점을 겸비한 전원도시를 건설하는 것이 이 문제의 근본적인 해결책이라 주장했다.

전원도시 이론은 오늘날까지도 신도시 건설의 논리적 근거로 힘을 발휘하고 있다. 전면 철거 방식의 재개발과 재건축, 뉴타운사업도 바로 이 이론에 뿌리를 두고 있다.

마지막 이론은 대니얼 허드슨 버넘(Daniel Hudson Burnham, 1846~1912) 등이 주도했던 '도시미화운동City Beautiful Movement'이다. 요즘 우리나라를 휩쓸고 있는 공공디자인 운동의 할아버지뻘 되는 것으로 도시에 멋진 건물을 세우고, 도시의 거리를 시원하게 열어 멋진 조망을 즐기자는 운동이다. 쉽게 말해 예술 작품 같은 도시를 만들자는 주장이다.

도시는 무엇인가

그런데 참 이상하다. 제인은 왜 하나같이 그럴듯하게 들리는 이 세 가지 도시설계 이론이 모두 잘못된 것이라 지적했을까? 빛나는 도시는 초고층 아파트의 전형적인 모델로 우리 도시의 지향점이기도 하다. 전원도시는 많은 사람들이 선망하는 쾌적하고 여유로운 신도시의 이상이다. 도시미화든 공공디자인이든 도시를 아름답게 가꾸는 것은 참 좋은 일이다. 멋진 도시야말로 도시 경쟁 시대에 필요한 생존 전략인데 왜 그것이 잘못이라 지적했을까?

제인의 혜안과 역설의 진리를 이해하고 공감하기 위해서는 도시를 바라보는 눈에서 실마리를 찾아야 한다. 도시는 '건물'과 같거나 비슷한 것일까 아니면 건물의 집합체 정도일까? 그렇다면 훌륭한 건축가가 멋진 건물을 디자인할 수 있듯이 도시 역시 멋지게 그려내고 만들 수 있을 것이다. 도시는 '발명품' 같은 것일까? 에디슨 같은 천재가 한바탕 연구하고 나면 완벽한 발명품

 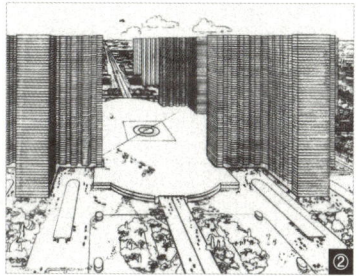

① 세계에서 가장 널리 알려진 건축가 르코르뷔지에.

② 르코르뷔지에가 제안한 빛나는 도시의 이미지. 요즘 우리나라에서 많이 볼 수 있는 초고층 주상복합 건물과 유사하다.

 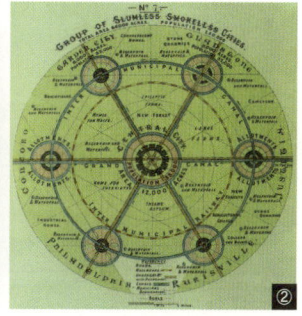

① 전원도시 이론을 주장했던 에버네저 하워드.

② 전원도시의 개념을 설명해주는 다이어그램. 공해에 찌든 기존 도시 대신에 교외에 도시와 전원의 장점을 두루 갖춘 새로운 도시(전원도시)를 여러 곳에 건설해 체계적으로 묶자는 주장을 펼쳤다.

① 도시미화운동을 주도했던 대니얼 허드슨 버넘.

② 1893년 미국 시카고에서 세계무역박람회가 개최되는 것을 계기로 도시미화운동이 확산됐다. 예술적이고 조형적인 도시를 만들기 위해 작성된 시카고 계획안의 조감도이다.

도시가 깜짝 놀랄 모습으로 나타날 수 있을까? 그럴 수만 있다면 그런 도시를 여기저기에 만들어 모든 문제를 해결할 수 있을 것 아닌가. 도시는 '예술품' 같은 것일까? 그렇다면 예술가나 디자이너가 실력을 발휘해서 아름다운 작품 도시를 만들어낼 수 있지 않겠는가.

제인은 아니라고 말한다. 도시는 '생명체'다. 도시에는 생명을 이어온 역사가 있고 또 생명들이 이뤄낸 문화가 있다. 도시가 생명체라면, 우리가 도시를 생명체로 바라보고 대한다면, 조금 낡은 동네라 해서 재개발구역이라 선을 그어 몽땅 헐어버리고 새로 지을 수 있을까? 도시가 생명체라면, 낡았다는 이유로 옛 도시는 방치하고 저쪽에 새 도시 만들어 공공 기관들을 죄다 옮겨가도 상관없을까?

제인 제이콥스가 빛나는 도시, 전원도시의 문제를 지적한 것은 도시를 대하는 태도와 시각 때문이었다. 빛나는 도시, 전원도시를 짓기 위해서는 기존 도시들을 무너뜨리고 버려야 하기 때문이다. 건강한 사회를 위해서 병약한 사람은 포기하고, 심지어 죽여도 좋다는 사고의 위험성을 지적한 것이다.

시간이 흐르고 세월이 가면 사람이나 건물이 나이를 먹듯이, 도시 역시 나이가 들어 여기저기 낡고 기력 또한 약해진다. 오래된 건물을 일시에 철거하지 않고 고쳐 사용하는 것은 지극히 당연한 일이다. 이른바 선진국이라는 나라에서는 다들 이러고 산다. 그러나 우리는 어떤가. 지은 지 20년도 채 지나지 않은 건물들을 심각한 안전 문제 때문도 아니고, 오직 경제적 이익을 위해 부수고 있다. 이것이 대한민국 도시계획과 도시설계의 트렌드 아닌가. 전문가들도, 공무원들도 심지어 주민들과 일반 시민들까지도 그것이 당연하고 옳은 것으로 알고, 그렇게 믿고 살고 있지 않은가.

제인 제이콥스의 빛나는 전원도시 미화에 대한 비판은 반세기 전 미국 도시설계에만 해당하지 않는다. 지금 우리 도시설계에 대한 꾸짖음이자 일깨움이기도 하다. 도시를 귀한 생명체로 바라보는 데서 깨달음과 변화는 시작될 것이다. 생명은 모든 것보다 아름답고 소중하다. 생명이 곧 하느님이다. 그렇지 않은가.

초고층의 욕망, 초대형의 재앙

제인 제이콥스의 삶과 사상이 정리된 책 『제인 제이콥스Jane Jacobs』의 서문에 아주 흥미로운 이야기가 등장한다. 2004년 5월 어느 날 뉴욕시립대학교 대강당에 수많은 사람들이 모여들었다. 대강당을 가득 메운 사람들이 기다리는 이는 백발의 할머니가 된 도시사상가 제인 제이콥스였다. 그녀는 지팡이를 짚고 아들의 부축을 받으며 연단 위에 올라와 앉았고, 원고를 들여다보며 그날의 강연을 시작했다.

두 시간 동안 쉼 없이 이어진 강연에서 제인은 초고층 건물의 전망을 비롯해 농경문화의 쇠퇴, 경제 침체, 도시 공간 녹화 그리고 당시 현안이었던 그라운드 제로(ground zero, 흔히 핵무기 폭발 지점을 의미하나 여기서는 9.11 테러로 붕괴된 세계무역센터를 지칭)의 재건축 문제에 이르기까지 여러 주제와 현안에 대한 자신의 생각을 이야기했다. 제인은 특히 세계무역센터가 건설된 때를 회고하며 이런 이야기를 전한다.

당시 뉴욕에는 이미 충분한 사무실 공간이 공급된 상태라 많은 사람들이 초고층 건물 건설을 반대했다. 결국 세계무역센터는 경제적으로도 재앙이었다. 사무실은 남아돌았고 새로 조성된 광장은 황량하기만 했다.

하나의 예를 들어주는데, 1960년대 말 세계무역센터를 짓느라 철거되어 사라진 라디오 로우Radio Row 전자제품 거리 이야기였다. 철거되기 전 이 거리는 다양한 전자제품 상가의 복합체여서 마치 실리콘 밸리의 전신과도 같았다. 제인이 묻는다. "이곳이 철거되지 않고 남아 있다면, 이곳에서 지금 어떤 일들이 벌어지고 있을까요?"

그때의 미국은 또 지금의 우리나라는 왜 초고층 건물을 지으려 할까? 초고층을 짓고자 하는 욕구의 근원은 조망과 관련이 있다. 서울시립대학교 김기호 교수는 이것을 '공중전'에 비유한다. 높이 나는 새가 멀리 볼 수 있듯이 더 높은 건물을 지을 때 더 멀리까지 좋은 조망을 가질 수 있기 때문이다. 물론 세계 최고, 아시아 최고, 한국 최고의 고층 건물이라는 상징성도 중요한 이유가 되겠지만 초고층 욕구는 결국 돈의 논리를 따른다.

문제는 이러한 욕구가 불러오는 부작용이다. 제인 제이콥스가 지적한 대로 세계무역센터 건설 자체가 경제적 재앙이었고, 어쩌면 그것에서부터 또는 그와 같은 과도한 도시개발사업들로부터 세계적인 경제 재앙이 시작됐는지도 모른다. 두바이가 겪은 경제 위기도 좋은 예다. 세계 모든 도시들이, 특히 우리나라의 많은 정치인과 단체장 들이 줄지어 두바이를 방문했다. 우리가 따라야 할 모델로 칭송해대던 두바이의 전설과 초고층 신화는 이미 무너지지 않았는가.

도시계획 = 사적 욕망의 공적 제어

초고층의 욕망은 기본적으로 사적인 것이다. 가끔씩 서울의 랜드마크 또는 대한민국의 상징이라는 공적 가면을 쓰기도 하지만, 초고층 없이도 우아하게 잘 살고 있는 선진 도시들이 수없이 많은 것을 보면 초고층을 지어야만 서울이 살고, 한국이 살 수 있다는 논리는 설득력이 없다.

사적인 욕망은 제어돼야 한다. 초고층에 거주하는 사람들의 좋은 조망은 그 건물 주위에 사는 사람들 또 그 건물을 싫든 좋든 바라보아야만 하는 시민과 방문객들에게 나쁜 조망이 될 수 있기 때문이다. 조망 문제뿐만 아니라 일조권과 프라이버시, 주변과의 조화, 제2롯데월드에서 제기되는 비행 안전 등 무수한 문제를 야기한다. 사적인 욕망의 무분별한 표출로부터 시민의 안녕과 공익을 지키는 것이 바로 도시계획과 도시설계의 임무다. 도시계획과 도시설계가 본연의 역할을 다하지 못한 것을 누구보다도 신랄하게 지적하는 이가 바로 제인 제이콥스다.

역사는 반복된다. 제인 제이콥스가 1960년대에 겪고 저항했던 문제들이 지금 이 땅에서 그대로 펼쳐지고 있다. 도시계획과 도시설계가 제 몫을 다하지 못하는 것도 아쉽지만 더욱 안타까운 것은 우리들의 눈이다. 우리들의 마음이다. 좋은 동네를 바라보는 주민들의 눈높이와 좋은 도시를 지키고 오래오래 간직하려는 시민들의 마음이 우리 동네와 도시를 생명체로 키우고 가꾸는 힘이다. 결국 우리에게 달렸다. 주민에게, 시민에게.

정체성이 곧 경쟁력이다

정체성을 알아야 경쟁력을 키운다

우리는 도시 경쟁 시대에 살고 있다. 지금은 국가보다 도시 간의 경쟁이 더욱 치열하다. 전 세계의 도시들이 기업, 물류, 관광객을 끌어오기 위한 경쟁에 사활을 걸었다. 이 같은 도시 경쟁 시대에 도시설계가 해야 할 일은 결국 우리 도시의 경쟁력을 키우는 것이다.

도시경쟁력을 키우기 위해 구체적으로 해야 할 일은 도시마다 다르다. 기본을 튼튼히 다지는 것이 도시경쟁력을 키우는 공통 과제라면, 도시마다 달리 주어진 경쟁력의 요소는 '정체성'이다. 다른 도시에는 없는 것, 있어도 우리 도시만 못한 것, 우리 도시만의 특별한 매력과 가치를 볼 줄 아는 것이 정체성을 아는 것이고 또한 경쟁력을 키우는 출발점이 될 것이다. 정체성을 알아야 경쟁력을 키울 수 있다.

서울의 인상

2009년 1월 초에 사흘 동안 외국 공무원들을 대상으로 강의를 했다. 서울시가 여러 나라 공무원들을 초청하여 1년간 머물며 서울을 공부할 기회를 제공하는 프로그램을 마련했는데, 가까운 아시아부터 지구 반대편 남미에 이르는 다양한 지역에서 열아홉 명의 공무원이 이 프로그램에 참여했다.

둘째 날 수업 시간이었다. 인사동 이야기에 앞서 출석 부르기 대신 곧잘 활용하는 '자기 표현' 방식을 외국인 학생들에게도 적용했다. 자기 표현은 직접 개발한 출석 확인 방식이다. 학생들 이름을 하나하나 부르는 대신 간단한 질문을 던지면 학생들이 돌아가며 짧은 글이나 몇 개의 단어로 답한다. 학생들 개개인에 주목할 수 있고, 학생들끼리도 서로 잘 알 수 있으며, 압축적인 표현 능력과 순발력도 기르는 1석 3조의 효과가 있다. 그날 외국인 학생들에게 주어진 자기 표현 질문은 '서울의 인상'이었다. 한 사람씩 앞에 나와 칠판에 자기 이름을 쓰고, 서울의 인상을 세 단어 이내로 적게 했다. 반년 정도 서울에 살면서 가졌던 인상을 물은 것인데, 서울의 특징과 정체성을 어떻게 느끼고 있는지 알고 싶었다.

세 개의 단어를 통해 표현한 서울의 인상 또는 서울의 특징은 매우 다채로우나 유심히 살펴보면 공통점도 보인다. 가장 많이 등장한 단어는 친절함이었다. 서울 시민 또는 한국인들이 외국인을 친절하게 대한다는 의미로 받아들여도 좋겠다. 비단 사람뿐만 아니라 서울의 도시환경이 외국인들이 적응하며 살기에 크게 불편하지 않은 곳이라는 뜻으로 해석해도 좋을지 모르겠다. 어쨌든 서울을 호감 가는 도시로 생각하는 듯했다.

여성들에 주목해서 서울의 인상을 표현한 사람들도 있었다. 공항에 내리자마자 가장 먼저 눈에 띈 게 미니스커트를 입은 한국 여성들이었다고 솔직하게 고백한 터키 사나이도 있었고, 대만에서 온 중년 남성 역시 외모에 관심이 많은 여성들을 서울의 인상으로 꼽았다. 창의적인 사람들이 많다거나, 자원봉사자들을 보고 놀랐다는 사람도 있었다. 서울 시민에 대한 느낌을 서울의 인상으로 표현한 경우로 이는 시민인 우리들이 도시의 인상을 좌우할 수 있다는 뜻이기도 하다.

　서울 도시환경에 대해서는 긍정적인 의견이 많았다. 서울의 긍정적 측면을 나타낸 표현에는 편리함, 쾌적함, 안전, 전통과 현대의 조화, 옛것의 보전, 산, 녹지 등이 있었고, 지하철의 편리함과 깨끗한 수돗물도 등장했다. 서울의 부정적 측면을 꼬집은 표현으로는 광고물의 난립을 지적한 것으로 보이는 시각 공해와 혼잡, 단조로움, 높은 물가, 건조한 날씨 등이 있었다. 어찌 보면 아쉬운 점도 많은 서울의 역사 보전 노력을 긍정적으로 표현한 이는 중국, 태국, 베트남에서 온 공무원이었는데, 자국과의 비교에 따른 상대평가가 아니었을까 하는 생각이 들었다.

　자기 표현을 마치고 강의로 넘어가려 하니 학생들이 나의 인상을 적으라며 난리다. 조금 부정적인 인상일지 몰라도 평소 마음에 담고 있는 서울에 대한 아쉬움을 담아 'city for auto'라 적었다. 전체 외국인들 가운데 서울의 보행환경 문제를 지적한 사람이 하나도 없어 의아했다. 이에 서울이 아직은 사람보다 자동차를 더 배려하는 도시라는 뜻에서 그렇게 적었노라 설명하니 학생들이 고개를 끄덕이며 공감해준다. 총괄기획자였던 홍성웅 교수는 'searching for identity'로 서울의 인상을 표현한다. 서울의 정체성을 찾아야 한다는 원로 학자의 충심이 느껴졌다.

정체성을 아는 일, 자기만의 특별한 가치와 매력을 아는 일은 사람이나 도시나 경쟁력을 키우기 위한 전제이고 출발점이다. 그것을 모르고 남들만 따라 하다가는 진정한 경쟁력을 갖추기 힘들어진다. 중화인민공화국 건국 이후 북경에서 개발이 한창일 때, 중국 전통 양식을 보여주는 패루와 사합원들이 마구 헐리자 독일의 학자가 당시 북경 사람들에게 전했던 말이 있다. 과거 북경 사람들에게만 해당하는 내용은 아닐 것이다.

> 당신들은 우리 독일인(서양인)들이 현재 가지고 있는 것들을 장래에 모두 가질 수 있다. 그러나 우리는 당신들이 현재 가지고 있는 것들을 영원히 가질 수 없다.

좋은 시장 < 좋은 시정 < 좋은 시민

시장보다 시정, 시정보다 시민

지방자치제도가 부활하면서 우리는 4년마다 지방자치단체장과 지방의원을 뽑는 선거를 치르고 있다. 좋은 사람을 선택하는 것도 물론 중요하지만 무엇보다 시민이 먼저 주인 노릇을 제대로 해야 한다. 바꾸어 표현하면 이렇다. '시장市長보다 시정市政이 더 중요하다. 그리고 시정보다 시민市民이 더 중요하다.' 지난 20년간 서울시 정책 연구에 직간접적으로 참여한 사람으로서 시장보다 시정이, 시정보다 시민이 훨씬 더 중요함을 뼈저리게 느꼈다.

'좋은 도시는 오직 좋은 시민만이 누릴 수 있다'는 말, 그것이 만고불변의 진리다. 아름다운 도시, 살기 좋은 도시에서 살고 싶은가. 그럼 다른 방법이 없다. 당신의 도시에서 주인 역할을 제대로 하면 된다. 아름다운 도시는 먼 곳에 있지 않다. 아름다운 시민들이 살고 있는 곳이 바로 아름다운 도시다.

1990년대 서울 시정 10년

서울 시정 20년을 주의 깊게 들여다보면 1990년대와 2000년대가 확연히 다른 것을 알 수 있다. 1990년대 서울 시정의 큰 흐름은 한 마디로 표현해, 새로운 각성과 준비의 시기다. 지난 개발 시대를 반성하고, 새로운 시대를 준비하기 위해 많은 노력을 기울인 각고의 10년이었다.

 1990년대 초는 개발 시대가 정점에 이른 때였다. 집값 폭등, 다섯 개 신도시 건설, 주거지역 용적률 완화, 다가구주택과 다세대주택 양성화 등 개발 시대의 꼭대기에서 서울 시정은 새로운 변혁을 시작했다. 1994년 서울 정도 600년, 1995년 지방자치제도 부활과 국민소득 1만 달러 달성 그리고 눈앞에 다가온 새 천 년은 변혁을 더욱 촉구했다. 참담한 사고와 좌절도 각성을 일깨웠다. 1994년 성수대교 붕괴, 1995년 삼풍백화점 붕괴, 1997년 IMF 금융위기로 이어졌던 격동의 시기를 겪으며 서울 시정은 새로운 개혁을 꿈꿨다.

 시민의 손으로 선출되어 축하 속에 취임해야 할 민선 1기 조순 시장은 취임식을 무기한 연기한 채 삼풍백화점 붕괴 현장에서 당선자 신분으로 시장 역할을 시작했다. 그런 까닭에 도시 안전과 방재를 중시했고, 개발 시대의 관성에서 벗어나려 애썼다. 녹색서울계획과 녹색서울시민위원회는 새로운 서울 환경 정책의 시작이었고, 문화, 예술, 복지 정책을 강화했다. 시정 참여 사업을 도입하여 시민 단체나 민간단체들의 시정 참여를 도모했고, 승용차 위주의 교통 정책을 대중교통, 보행, 자전거 중심으로 바꾸기 시작한 것도 이때였다.

 민선 2기 고건 시장도 IMF 금융위기가 닥친 암울한 시기에 취임했다. 그 역시 개발 중심의 도시계획 패러다임을 관리와 보전으로 바꾸기 위해 노력했고, 2000년에 처음 수립된 '서울 도심부 관리계획'을 바탕으로 2001년부터 북촌 가꾸기와 인사동 보전을 시작했다. 느슨하게 풀린 도시계획을 다시 조이고 섬세하게 관리하기 위해 조닝 시스템을 혁명적으로 바꾼 '일반주거지역 종세분화'도 이 시기에 치밀하게 준비됐다. 1990년대 초에 용적률이 400퍼센트까지 완화됐던 일반주거지역을 1·2·3종으로 세분화하고, 용적률 또한 150퍼센트·200퍼센트·250퍼센트로 크게 낮췄다. 종별로 높이 규제를 도입한 것은 가히 혁명적인 조치였다. 고건 시장의 첫 번째 공약이었던 걷고 싶은 서울 만들기의 일환인 보행환경, 대중교통 개선사업도 임기 내내 지속됐다.

이명박, 오세훈 시장의 서울 시정 10년

이명박, 오세훈 두 시장이 서울 시정을 끌어온 10년 동안 시장은 바뀌었지만 시정은 크게 바뀌지 않았다. 청계천 복원, 뉴타운, 도심재창조, 한강 르네상스, 남산 르네상스 등의 개발사업이 이어져왔다. 명분은 조금씩 달랐으나 본질은 크게 다르지 않았다. 겉으론 강남·북 균형발전, 관광객 1200만 유치, 문화와 컬처노믹스, 도시경쟁력을 표방했어도 진짜 속내는 '개발'이었다.

이명박 시장은 청계천 복원을 공약으로 내걸었고, 단기간에 복원을 끝내 그 덕에 대통령으로 당선됐다. 그런데 청계천 복원에 버금가는 또 하나의 핵심 사업이 있었으니 바로 뉴타운사업이다. 지가 상승과 땅값 부담으로 결국 과도한 개발에 이를 수밖에 없는 뉴타운사업의 문제를 많은 사람들이 지적했다. 강북의 지가가 낮으니 공공에서 먼저 기반 시설에 투자를 하고, 이어 민간의 자발적 투자를 유도하는 방식이 장기적으로 바람직한 대안이라는 의견들이 제시됐으나 받아들여지지 않았다. 속도전은 이명박 시장의 주특기였다.

민선 4기 오세훈 시장의 시정 계획 첫머리는 관광객 1200만 명을 목표로 하는 도시마케팅 정책이었다. '문화로 돈을 번다'는 컬처노믹스^{cultunomics}를 유독 강조했다. 도심 1축(광화문축), 2축(인사동-명동축), 3축(세운상가 녹지축), 4축(동대문 디자인축)을 근간으로 하는 도심재창조사업을 시작했고 동대문운동장 자리에 디자인플라자를 건설했다.

전임 시장의 청계천을 능가할 만한 빅 프로젝트로 찾은 것이 한강 르네상스 프로젝트였다. 세빛둥둥섬, 반포대교 분수, 수상택시, 한강 뱃길 조성사업이 진행됐고, 르네상스 사업은 남산까지 이어졌다. 시민들의 접근성을 개선하는 긍정적 측면도 없지 않지만, 한강 르네상스의 본질은 개발사업에 가까이 닿아 있다. 디자인 서울 프로젝트 또한 오세훈 시장의 역작이다. 긍정적 성과도 물론 있지만 옆길로 새거나 과한 것들도 많았다.

10.26 선거와 박원순 시장

격동의 1990년대에 준비해온 혁신의 노력은 2000년대 이명박, 오세훈 시장의 재임 기간을 거치면서 무너지고 만다. 가히 혁명적 조치라 부를 만했던 일반주거지역 종세분화 조치가 거의 와해되었듯이 서울을 지켜온 마지막 보루인 도시계획이 무력해졌고, 디자인 서울은 본질을 놓치고 어긋났다. 퇴행의 10년이었다. 오세훈 시장이 무상급식을 둘러싼 논쟁으로 스스로 물러난 뒤 보궐선거가 이뤄졌고, 시민운동가 출신의 박원순 변호사가 서울시장으로 취임했다. 서울 시정을 추스르고 다시 시작할 수 있는 기회가 주어진 것이 그나마 다행이다.

박원순 시정부의 지난 1년은 이명박, 오세훈 시장의 지난 10년과 사뭇 다르다. 취임 첫날 약속했던 무상급식을 시행했고, 그동안 말만 무성하던 반값 등록금도 서울시립대학교에서 현실화했다. 서울시와 산하 기관의 비정규직 노동자 6천여 명을 정규직으로 전환하면서 오히려 예산을 줄였다. 대형공사 담합 비리의 주범이던 턴키$^{turn-key}$ 방식의 발주를 중단하고, 점심시간에 도로변 주차 단속을 완화해 시민의 불편을 줄이는 등 이전에 볼 수 없던 새로운 시책들이 속속 추진 중이다. 아직은 더 지켜보고 공과를 판단해야겠지만 박원순 시장이 이전과는 다른 시정을 펼치고 있다는 것은 확실하다. 서울 시정의 긴 역사 속에 또 어떤 시정의 흐름이 이어질지 지켜봐야겠다.

도시는 정치다

도시라는 말의 뜻

도시都市라는 말은 정치 권력을 상징하는 '도都' 자와, 상품의 교류와 집적을 뜻하는 '시市' 자가 합쳐져 한 단어를 이루고 있다. '도시는 정치이고 또한 경제'라는 뜻 아니겠는가. 도시가 정치라면 도시계획이나 도시설계 역시 정치에서 자유로울 수 없다. 도시를 계획하고 설계하는 일, 도시가 변화하는 방향과 양상, 도시에서 벌어지는 많은 일들이 정치의 영향을 받고 정치적으로 이뤄진다. 바꿔 말하면, 도시에서 벌어지는 일들이 합리적 의사결정의 결과가 아닐 수 있다는 뜻이다. 우리들이 지금 겪고 있는 도시 문제의 해결책도 누군가에 의해 가려졌을 뿐, 이미 세상에 나와 있을지 모른다. 시민의 눈이 도시에서 멀어질 때, 도시계획과 도시설계는 힘과 돈의 논리에 쉽게 휘둘릴 수 있다는 것을 잊지 말자.

역사도시의 보전과 관리도 결국은 정치다

'역사도시 서울, 어떻게 가꿀 것인가?'를 주제로 심포지엄이 열려 토론자로 참석했다. 심포지엄에 앞서 서울역사박물관 강홍빈 관장의 기조 강연이 있었는데 제목이 '시간 속에 살다, 역사도시의 관리'였다. 강의는 '도시가 기억의 저장고'라는 이야기로 시작됐다. 개인의 기억을 저장하듯이 마을과 도시의 기억도 저장해야 하는데, 도시가 이러한 공동체 삶의 기억을 저장하는 그릇이란다. 도시가 기억의 저장고임에도 불구하고 동서고금을 막론하고 이 같은 기억을 망각하고 심지어 지워버리는 일들이 많이 있었다. 그 예로 1960년대의 신문 기사를 하나 보여주는데, 도로 개설로 석촌동의 백제고분이 잘려나간 사건이다. 올림픽공원 현상설계에서 몽촌토성의 흔적을 모두 지워버린 계획안도 많이 제출됐다고 한다.

우리의 지난 역사가 그랬다. 과거의 흔적을 별다른 문제의식 없이 지워버린 시대였다. 그러다 올림픽 개최와 서울 정도 600년을 계기로 역사에 대한 새로운 인식이 등장했다. 근대 시기까지 역사의 범주로 넣고, 성공의 역사뿐 아니라 평범한 것들도 새로이 살피게 됐다.

양피지에 글을 적던 시절에는 양피지가 워낙 귀해서 한 번 썼다고 해서 버리지 않았다 한다. 양피지에 썼던 글을 지우고 그 위에 여러 차례 다시 썼다는 이야기를 하면서, 우리 도시도 이렇게 썼다가 지우고 또 쓰는 양피지와 같다 한다. '양피지에 썼던 것들 가운데 무엇을 지우고 새로 쓸 것인가?'라는 고민처럼 '우리 도시에서 어디를 지우고, 어디를 남길 것인가?'의 선택이 중요하다.

결국 우리는 선택해야 한다. 그대로 둘 것인가 아니면 개발할 것인가. 대단위로 개발할 것인가 아니면 작은 단위로 개발할 것인가. 어디까지를 보존

할 것인가. 건물만 지키면 되는가 아니면 사람까지 지켜야 하는가. 복원인가, 재창조인가 등등 수많은 선택이 우리 앞에 놓여 있다. 그리고 여러 가지 예를 들면서 이 같은 선택의 어려움을 강조한다. 동대문 북측의 성곽 주변에 산책로를 조성하기 위해 성곽 바로 옆의 동대문교회를 철거해야 할 것인가. 청계천 복원은 과연 복원인가 아니면 개발이었는가. 북촌에서 한옥을 지켜냈지만 결국 많은 사람들을 내쫓지 않았는가. 신자유주의가 지배하는 모든 도시들에서 벌어지는 원주민 축출이 북촌에서도 예외 없이 벌어졌음을 지적한다.

기조 강연은 점점 정점으로 다가갔다. 역사도시 관리의 본질은 변화를 관리하는 일이다. 도시 자체가 늘 질적으로 변화하는 것이니 변화를 관리하는 일이 도시 관리의 핵심이겠다. 그리고 이 같은 도시 관리 또는 도시계획은 본질적으로 정치적인 일이라 말한다. 가치와 가치의 대립, 수많은 이해관계의 갈등과 조정이 벌이는 치열한 정치라는 것이다. 도시가 정치라면, 도시계획과 도시설계가 결국 정치라면, 역사도시를 보전하고 관리하는 일도 정치적인 일이라면, 나는 무엇을 해야 할까? 도시를 공부하는 사람으로서, 도시의 변화에 참여하는 전문가로서 또 한 사람의 주민이자 시민으로서 무엇을 해야 할까?

내가 페이스북을 하는 이유

1998년에 처음 홈페이지를 시작해 지금도 블로그를 계속하고 있으니 사이버 공간에 집을 짓고 놀아온 지 15년째다. 연구원에서 학교로 자리를 옮긴 뒤로는 담당하는 모든 수업마다 카페를 만들었고 얼마 전부터는 트위터와 페이스북을 시작했다. 내가 이처럼 소셜 네트워크 서비스SNS를 적극적으로 사용하는 데는 그 이유가 있다.

1998년 3월 30일, 서울시정개발연구원 홈페이지 한구석에 '걷고 싶은 도시, 살기 좋은 동네'라는 이름의 홈페이지를 처음 열었다. 컴퓨터에 밝지 않은 편이어서 후배가 집의 틀을 만들고 방들을 열어줬다. 여러 개의 방마다 유익하다고 생각되는 정보들을 차곡차곡 담아갔다. 연구 내용 외에 아이들을 키우며 쓴 아빠 일기도 한동안 연재하듯 올렸는데, 인기가 제법 있었는지 신문에 대문짝만하게 실린 적도 있다. 서울시정개발연구원을 떠나 경원대학교로 옮기면서 홈페이지도 이사를 했다. 그해 8월에 블로그로 짐을 옮겨, 지금까지 자료 공유와 글쓰기를 계속하고 있다.

왜 블로그를 하는지, 시간을 많이 뺏기지는 않는지 하는 질문을 종종 받는다. 블로그를 왜 하는지 자문한 적도 물론 있었지만 언제부턴가는 당연히 해야 할 일이 되었다. 기록과 소통은 블로그를 하는 첫 번째 이유다. 기록에는 물론 나눔과 교류의 뜻도 담겨 있다. 소통은 말할 것도 없이 대중과의 만남과 대화, 공감을 위한 것이다. 소통을 위한 나름의 몸부림을 이해해주는 분들이 있어 눈물 나게 고맙다.

오래전부터 많은 사람들이 트위터를 권했다. 많이 망설이다가, 2010년 여름 무렵 트위터를 시작했다. 공감이 가는 정보를 리트윗해 팔로워들에게 전파하는 속도와 힘은 실로 막강하다. 2010년 8월, 꼬마 과학자 이야기를 블로그에 올린 뒤 트위터로 보낸 적이 있다. 옥상 조명으로 인해 무당벌레들이 떼죽음을 당하는 걸 보고 거의 1년간 이 문제를 연구하고 답을 찾아낸 아주 기특한 중학생의 이야기였다. 트위터에서 이 내용을 접한 많은 사람들은 공감하고 리트윗했다. 평소 하루 100명 남짓한 블로그 방문자 숫자가 금방 2000명에서 3000명으로 느는 걸 보고 트위터의 힘에 깜짝 놀랐다.

페이스북은 트위터와는 또 다른 매력이 있다. 친근한 사람들끼리 친구를 맺고, 편안하게 이야기를 나눌 수 있어 좋다. 요즘 지인들에게 페이스북을 자주 권한다. 페이스북을 권하는 데는 이유가 있다. 얼마 전 오랜만에 만난 옛 친구들과의 술자리에서도 그 이야기를 했다. 지금 우리가 살아가는 세상과 삶의 방식에 문제가 있다고 느낀다면, 이웃과 소통하고 연대하기 위해 꼭 페이스북을 시작해보라는 내용이었다.

술 한잔 걸친 김에 떠들어댄 말이지만, 이것이 요즘 페이스북을 하는 이유다. 블로그를 하고, 카페를 열고, 트위터를 사용하는 것도 마찬가지다. 도시를 공부하고 도시 변화에 참여하는 전문가로서, 좋은 도시를 결코 쉽게 만들 수 없음을 절실히 느낀다. 그래도 길은 있다. 시민이 있기 때문이다. 참 좋은 세상을 만드는 일도, 살기 좋은 동네와 걷고 싶은 도시를 만드는 일도, 이웃들과 생각을 나누고 마음을 모으는 것에서 시작된다. 물론 진정한 만남과 소통은 얼굴을 맞대고 살갑게 해야겠지만, 소셜 네트워크 서비스가 일과 시간에 쫓겨 바삐 사는 우리들에게 언제 어디서나 가능한 소통과 나눔의 마당을 열어주는 것은 틀림없는 사실이다.

오프라인 시민

좋은 마을과 참한 도시를 지키고 가꾸기 위한 참여는 소셜 네트워크 서비스 같은 온라인에만 머물러선 안 된다. 오프라인으로, 우리 현실 안으로 들어와 주민과 시민 노릇을 적극적으로 해야 한다. 나와 내 가족과 이웃의 삶에 심각한 영향을 미치는 중요한 의사결정이 정치적으로 이뤄지고 있는데, 그냥 이대로 살아서는 안 된다. 몇몇 사람들이 돈과 힘 그리고 표의 논리에 따라 우리 삶터와 삶의 조건을 이리저리 바꾸게 내버려 둘 수는 없지 않은가? 침묵하는 개인에 머물러 있지 말고, 울타리를 열고 세상에 나와 존재감을 보여주고 목소리를 내자.

가장 먼저 해야 할 일, 참한 도시의 시민으로 살아가기 위해 빼먹지 말고 꼭 해야 할 일이 있다. 바로 투표다. 국가나 도시나 정치는 다 마찬가지다. 유권자들의 투표율이 높아야 당선자들이 유권자 무서운 줄 안다. 좋은 사람을 단체장으로 또 지방의원으로 뽑는 일 못지않게 중요한 게 있다. 투표 후에 공약을 제대로 실천하고 있는지 지켜보고 감시하는 일이다. 비판과 감시는 물론 때에 따라 격려를 보내는 것 또한 참한 도시의 시민이 해야 할 의무다.

더 좋은 일이 있다. 마을과 도시 일에 나서는 것이다. 아파트 단지 동대표 선거에도 출마해보고, 아이들 다니는 학교의 운영위원도 맡아보고, 마을과 도시를 가꾸어가는 자원봉사 활동에 참여한다면 금상첨화다. 협동조합이나 사회적 기업, 마을기업에 참여하거나 직접 만들어보는 꿈도 꿔보자. 지방자치단체가 펼치는 마을공동체 지원사업에도 이웃과 함께 모임을 만들어 참여해보자. 골목해설사, 궁궐지킴이, 한양도성 길라잡이, 한강도담이 같은 자원봉사 활동에 참여한다면 참한 도시에 걸맞은 참한 시민이 될 수 있을 것이다.

동네 아저씨로 돌아가자

시정연 정 박사? 아니 문촌마을 정씨 아저씨!

우리는 사람들 앞에 자기를 소개할 때 대부분 직장이나 직업을 먼저 이야기한다. 나 역시 그랬다. 연구원에 다닐 때에는 '서울시정개발연구원의 정석'이라고 소개했고, 사람들도 나를 '시정연의 정 박사'로 불렀다. 그런데 꽤 오래전부터 조금 다른 방식으로 나를 소개하기 시작했다. "고양시 일산구 문촌마을에 사는 주민 정석입니다"라고 소개하며 이런 부탁도 덧붙였다. "시정연의 정 박사보다는 문촌마을 동네 아저씨, 정씨 아저씨로 불러주세요"라고.

내가 이처럼 다소 엉뚱한 행동을 하기 시작한 데는 이유가 있다. 서울시정개발연구원에 들어와 일한 지 7년쯤 되었을 무렵 하나 깨달은 게 있다. 동네에 살면서 마을을 아끼고 사랑하는 사람들, 더 좋은 마을을 꿈꾸고 그 꿈을 이루기 위해 참여하고 행동하는 사람들만이 좋은 마을, 좋은 도시를 가질 수 있다는 것을 불현듯 깨닫게 된 것이다. 1999년 어느 세미나 자리에서 그러한 깨달음이 반성으로 이어졌다.

당시는 서울시정개발연구원에서 이웃과 함께 마을의 문제를 풀고 개선하는 이른바 마을 만들기 사례를 연구하는 중이었다. 세미나 자리에서 전국의 마을 만들기 사례를 발표했었는데, 발표가 끝난 뒤 한 참석자가 내게 물었다. "정 박사님은 마을을 위해 지금 무슨 일을 하고 있습니까?" 송곳 같은 질문을 받고 잠시 멍했다. 마치 머릿속이 하얗게 지워진 것 같은 느낌이었다. 정신을 차리고는 떠듬떠듬 답을 했다. IMF를 맞아 멈춘 주엽역 에스컬레이터를 재가동하려 애썼던 일과 주엽역 앞 횡단보도 신호주기를 개선하려고 노력한 일을 열거하며 위기를 모면했지만 부끄러움을 숨길 수는 없었다. 전문가랍시고 마을 만들기를 강조하고 다니면서 정작 우리 마을에서는 아무것도 한 게 없구나 하는 반성과 참회를 했다. 그리고 이는 새로운 다짐으로 이어졌다. '그래, 동네 아저씨로 돌아가자!'

동네에서 어슬렁거리기

그날 이후 동네 아저씨가 되기 위해 나름대로 애쓰며 살고 있다. 일산에 살 때에는 새벽에 호수공원에 가서 산책도 하고, 아이들과 함께 자전거도 타면서 우리 마을에 이처럼 좋은 곳이 있다는 사실에 감탄했다. 호수공원에서 인라인스케이트 무료 강습이 있는 걸 알고는 한동안 인라인스케이트도 열심히 배웠다. 집 앞 주엽공원에서 자라는 나무들과도 새롭게 사귀었다. 태풍에 맥없이 갈라진 커다란 자귀나무를 볼 때마다 마음이 아파 어루만져줬다.

아파트 단지 테니스 클럽에 가입한 뒤로 좋은 이웃들을 많이 알게 된 것도 즐겁고 감사한 일이다. 아이들은 늘 아빠를 따라와 운동장에서 어울려 놀았다. 동네 아이들과 우리 아이들이 함께 섞여 뛰노는 모습을 보는 즐거움은 운동하는 재미보다 훨씬 크다. 테니스장에서 친해진 네 가족이 함께 강원도 산골에서 여름휴가를 보낸 적도 있다. 술자리도 직장이 있는 서울에서보다 동네에서 더 잦아졌다.

길을 가다 만난 동네 아이들 이름을 불러보았는가. 아이들의 이름을 부르며 인사를 건넬 때, 제 이름을 듣고 반갑게 대답하며 웃는 아이들의 미소를 본 적 있는가. 동네 아이들과 친해지면 새로운 눈이 열리고 무뎌진 감각이 살아나는 기분을 맛보게 된다. 그럴 때면 동네 아저씨가 다 된 것 같은 착각이 들기도 한다.

서울로 이사 온 뒤에도 짬을 내어 동네를 어슬렁거린다. 가까운 대모산에도 오르고, 이곳저곳을 일부러 걸어본다. 성당의 구역 모임에도 빠지지 않고 나가 한동네 형님, 아우 들과 사귄다. 마을 앞에 세워진 표석을 읽으며 마을의 역사도 배운다. 율현동 단독주택으로 이사한 뒤로는 이웃집 사람들과 사귀고 나눌 일이 훨씬 더 많아졌다. 상자 속에서 사는 것 같은 아파트와는 달리 단독주택에서는 서로 많이 보여주며 살아야 한다. 앞집에 사는 이웃이 우리 마당을 훤히 들여다보고, 우리 집 식탁에 앉으면 뒷집 마당이 눈에 빤히 보인다. 그렇게 서로 열어주고 또 섞이고 섞이며 사는 곳이 단독주택 마을이다.

지난해 이사할 때였다. 마당에서 정신없이 짐을 정리하고 있는데 담장 너머 옆집에서 인사를 건네는 어른과 눈이 마주쳤다. 담이 낮아 가슴께까지 훤히 보이는 옆집 어른께 깍듯이 인사를 드렸다. 이야기를 나누다보니 몇 해 전

정년퇴임하신 선배 교수님이셨다. 노부부 두 분이 살면서 마당 한쪽에 텃밭을 아주 야무지게 가꾸고 계신다. 서로 바쁘게 살아서인지 지척이라도 얼굴 볼 때가 많지는 않다. 가끔 조용하던 옆집 마당이 시끌시끌해질 때가 있는데 내다보지 않아도 안다. 손주들이 할아버지 댁에 와서 신나게 놀 때다.

　겨울철 눈길을 쓸면서도 이웃들과 자주 만나게 된다. 아파트와는 달리 단독주택 마을에서는 눈을 꼬박꼬박 치워야 한다. 그게 불문율이다. 이것도 처음엔 막막했는데 몇 번 따라서 해보니 나름의 규칙 같은 게 있다. 눈이 내린다고 바로 골목에 나와 치우지는 않는다. 눈이 잠잠해질 무렵 한 분이 길에 나와 눈을 쓸기 시작하면, 넉가래 밀 때 나는 벅벅 소리를 듣고 이집 저집 모두 길로 나와 함께 눈을 치운다.

　이웃과 마주칠 때의 느낌도 아파트 단지에서와는 사뭇 다르다. 앞집 문을 열고 나오는 어른을 보고 모른 척 할 수는 없지 않은가. 집 앞 골목에 앉아 은행을 까고 계시는 어르신을 뵙고 그냥 지나칠 수도 없지 않은가. "어휴, 냄새가 굉장하네요. 가을에 은행을 많이 따셨나봅니다." 이렇게 자연스레 서로 말을 섞는 게 단독주택 동네, 골목길만의 특별한 분위기다. 학교 근처 한약방에서 거름으로 쓸 한약 달인 찌꺼기를 차에 싣고 와서 막 내릴 무렵 앞집 어른과 마주쳤다. 뭐냐 물으시기에 한약 달인 찌꺼기라고 대답하고는 얼른 필요하신지 여쭸다. 앞집 어르신이 환히 웃으며 좋다 하신다. 한약 찌꺼기 두 봉지를 대문 안 텃밭 옆에 내려드렸다. 그렇게 나누며 사는 재미도 쏠쏠하다. 가을에 감을 따서는 앞집 계단에 슬그머니 몇 개 놓아두기도 했다.

동네에서 이웃과 함께 일하며 놀기

동네 아저씨로 돌아가니 이웃들과 함께 어울려 무언가를 해보는 게 참 재밌다. 그것이 일이든 놀이든 상관없다. 어울려 하다보면 자연스럽게 동네 아저씨, 동네아줌마가 되어간다. 동네에서 해본 일 가운데 지금까지 계속하는 게 텃밭 가꾸기다. 올해로 주말농장을 가꾼 지 얼추 10년이다. 일산에서 처음 시작해 몇 해 동안은 같은 아파트 단지에 살던 이웃들과 함께 농사를 지었다. 주말농장은 중독성이 있는지 한 번 시작하면 그만 두지 못한다. 내 손으로 심고 뿌린 푸성귀들을 수확해 먹는 맛은 물론이거니와 이웃과 함께 어울리는 재미 또한 특별한 매력이다.

덕이동 돌풍 주말농장에서 이웃들과 함께 한 해 농사를 짓고 가을배추를 수확한 날, 밤을 새워가며 함께 김장을 했다. 지금 생각해도 참 멋진 밤이었다. 주말농장에는 천막이 쳐진 아주 커다란 배드민턴 경기장이 있었고, 그 안에는 김장을 할 수 있도록 재료들이 잘 갖춰져 있었다. 세 가족이 저녁 무렵 함께 만나 배추를 다듬고 소금으로 숨을 죽인 뒤, 기타를 치고 노래를 부르면서 기다렸다. 아이들은 배드민턴과 공놀이에 열심이었고, 어른들은 막걸리를 주거니 받거니 하며 밤새 놀았다. 김장이니 분명 손이 많이 가는 일이었지만, 그날은 일이라기보다 한바탕 신명나는 놀이였다.

2011년 새해부터는 사물놀이를 배우기 시작했다. 주마다 한 번씩 문화센터에 들러 장구와 꽹과리를 배운 게 벌써 두 해를 넘겼다. 예전에는 동네마다 모두 풍물패가 있었다. 어린 시절을 보낸 우리 동네도 그랬다. 명절이 다가오면 동네 어른들은 색색 띠를 두른 옷을 입고, 농악을 울리며 마을을 돌았다. 어르신들이 젊은이들에게 농악을 가르쳐 대대로 이어졌으니 동네 사람이면 대부분 장구를 치고 꽹과리를 다룰 줄 알았다. 그러나 지금은 풍물패가 남아 있는 마을을 찾기 쉽지 않다. 농악을 열심히 배우고 있는 것도 동네 아저씨로 살기 위한 나름의 준비이고 또한 스스로의 꿈을 키우는 일이다. 언젠가는 올 것이다. 장구를 둘러매고 우리 마을을 돌면서 덩실덩실 춤을 추는 그날이.

동네 사람으로 돌아가자

좋은 동네 아저씨가 되기에는 아직 멀었다는 것을 잘 안다. 이제 겨우 동네와 이웃을 보기 시작했을 뿐이다. 그런데도 요즘 난 동네 아저씨로 살아가는 재미와 보람에 취해 있다. 조금 더 취하고 싶다. 또 다른 동네 아저씨들과 함께. 동네에서 놀고 이웃과 사귀면서 마을의 꿈을 함께 꾸고, 이루고 싶은 사람들 모두 모여라. 동네 사람으로 돌아가자. 동네 총각으로 동네 처녀로 동네 아줌마로 동네 아저씨로 돌아가자. 동네 사람들 말고 참한 동네와 참한 도시를 누가 만들겠는가.

닫는 글

참한 게 밥 먹여줄까?

'튀는 사람보다 참한 사람이 좋다는 걸 나도 안다. 그런데 참한 사람이, 참하기만 한 사람이 밥은 먹여줄 수 있을까? 마찬가지로 튀는 도시보다 참한 도시가 좋다는 데 공감하고 동의하지만 참한 도시에서 우리가 진짜 잘 살 수 있을까?' 이런 걱정을 하시는 분들이 계실지 모르겠습니다. 저는 진실의 힘을 믿습니다. 거짓과 위선이 얼핏 보면 강해 보이며 영원할 것 같지만 실은 그렇지 않습니다. 진실 앞에 거짓과 위선은 스르르 녹아내립니다. 이것은 칠흑 같던 어둠이 한 줄기 빛으로 소리 없이 사라지는 것과 같습니다.

참한 도시를 꿈꾸고 참한 도시로 한 걸음 다가가는 일은 크리스토퍼 알렉산더의 말처럼 '진실하면서 하나된 도시'를 향해 가는 여정과도 같습니다. 나의 삶을 좀 더 진실하게 다잡고, 나의 삶이 조각나지 않게 노력하는 일과 다르지 않습니다. 진실하게 산다는 게 무엇인지 막막하다면, 우선 거짓된 일부터 하지 않으면 됩니다.

도시를 공부하면서 또 그 일을 전공으로 삼고, 밥 벌어먹으며 죄스러울 때가 많았습니다. 지방에서 태어나 시골에서 자라고 지방 사람으로 큰 제가, 대학 때부터 고향을 떠나 수도권에서 살아온 지 30년이 넘었습니다. 여기에 전공도 다름 아닌 도시설계이니 좋은 도시를 꿈꾸고, 그 꿈을 이루기 위해 온 힘을 다하는 게 저의 일이자 삶이겠지요.

우리나라 도시 문제의 근원은 아니 마을 문제, 농촌 문제, 지방 문제, 국토 문제와 같은 이 모든 문제의 근원은 지나친 치우침에서 비롯됩니다. 불균형과 차별이 문제입니다. 수도권은 사람이 너무 많아서 문제이고, 지방과 농촌은 사람이 너무 없어서 문제입니다. 더 큰 문제는 그 정도가 더욱 심해지고 있다는 점입니다. 그러한 문제가 있어서, 그 문제로 제가 먹고 산다는 게 참으로 기가 막힙니다. 더욱 죄스러운 건 그 문제를 있게 하고 또 악화하는 데 제가 한몫을 하고 있다는 사실입니다.

　이 문제는 남들이 만들어낸 문제가 아닙니다. 바로 내가 문제의 원인입니다. 이 문제를 푸는 길은 결코 밖에 있지 않습니다. 바로 나부터 시작해야 합니다. 이런 생각을 하면서 귀향을 결심하고 준비했습니다. 언제일지 모르겠지만 이제 그만 내려가자 다짐했습니다. 태어나고 자란 곳으로 돌아가자. 그곳으로 돌아가 남은 힘 다해 살아가자 마음먹었습니다. 한 번은 굳게 마음먹고 실천에 옮긴 적도 있습니다마는, 뜻대로 되지 않는 걸 보면서 마음만으로는 쉬이 할 수 없는 일임을 깨달았습니다. 하지만 그때나 지금이나 귀향의 꿈을 늘 마음에 품고 삽니다.

　가장 견디기 힘든 일, 가슴 미어지는 일은 폐교된 학교들이 늘어가는 것입니다. 아이들이 떠난 학교, 아이들이 없는 마을에 무슨 희망이 있겠습니까? 아이들이 없는 시골이 저절로 그리된 게 아니지 않습니까? 수도권이 또 대도시들이 강한 자석처럼 블랙홀처럼 사람들을 빨아들여서 벌어진 일 아닙니까? 이러한 구조적 문제를 그냥 두고서는 도시 문제를 결코 해결할 수 없습니다. 집값이 오르니, 주택이 부족하니 계속 공급해야 한다고 하지만 한쪽에서는 미분양 아파트가 늘어나 쌓여가고, 다시 피 같은 세금을 들여 사들이고 있지 않습니까?

　결국 해법은 다시 '마을'이고, 다시 '사람'입니다. 국가 문제와 도시 문제도 결국 마을에서부터 먼저 풀어야 하고, 돈이 아닌 사람으로 풀어야 합니다. 사람이 떠나는 마을에 사람이 다시 들어가는 수밖에 없습니다. 그래야 폐교 위기의 학교도 살아나고, 마을에 사람의 온기가 돌고, 일자리가 생기고, 혁신과 창의의 새로운 모델들이 쏟아져 나올 수 있습니다. 다행히 그런 방향으로 세상이 변화하고 있습니다. 시장경제와 대기업 위주의 경제에 대한 대안으로 사회적 경제와 사회적 기업, 마을기업, 청년기업, 협동조합이 꿈틀꿈틀 살아나고 있습니다. 시장경제가 오직 이윤을 향해 내달리는 '튀는 경제'라면, 사회적 경제는 함께 살아가는 지혜와 나눔의 맛을 아는 '참한 경제'라 할 수 있습니다.

'마이크로크레딧microcredit'이란 말을 들어보셨지요. 경제의 사각지대에 밀려나 있는 이들을 대상으로 하는 금융 지원 시스템으로 우리나라의 미소금융이나 햇살론과 유사합니다. 김찬호 박사의 책『돈의 인문학』에 방글라데시의 그라민은행 이야기가 실려 있습니다. 그라민은행은 가난한 사람들이 스스로의 힘으로 경제적인 자립을 이뤄낼 수 있도록 지원하는 무담보 소액 융자 제도를 처음 시행한 은행입니다.

그라민은행은 이미 전 세계에 널리 알려진 유명한 은행이 됐습니다. 그라민은행을 이끈 무하마드 유누스 총재는 2006년에 노벨 평화상을 받기도 했습니다. 유누스 총재는 1976년 기아와 빈곤에 시달리는 마을을 조사하던 중 아무리 열심히 일해도 고리대금에 발목이 잡혀 처지가 바뀌지 않는 가난한 사람들의 현실을 목격하고, 자신의 쌈짓돈 27달러를 융자하는 것으로 이 사업을 시작했습니다. 그렇게 시작된 그라민은행의 새로운 실험은 여전히 진행 중입니다. 2008년 당시 누적 대출은 75억 달러에 이르고, 방글라데시 전역에 2500여 개 지점을 두어 770만여 명에게 대출을 해줬답니다. 놀랍게도 대출금 상환율은 99퍼센트에 이릅니다. 담보 없이 돈을 빌려주는데도 높은 상환율을 기록하는 비결이 무엇일까요? 유누스 총재는 대출 대상을 빈곤 여성들로 잡은 것과 다섯 명이 한 조를 이루어 집단 연대로 책임을 지면서 매주 한 번 모임을 갖는 시스템을 꼽습니다.

돈을 빌려주고 상환 일자까지 아무런 접촉이 없는 기존 은행과 달리 그라민은행은 대출자들의 경제적 자립이 가능하도록 지속적으로 정보를 제공하고 상담해 줍니다. 그라민은행의 기본 철학은 사람에 대한 믿음이고, 사람의 잠재력에 대한 확신입니다. 가난한 사람들이 지니고 있는 힘, 그들이 대출금을 갚을 수 있는 능력을 신뢰하는 것입니다. 어찌 보면 그라민은행이 하는 일은 단순한 사업이 아니라 사회운동입니다. 이와 같은 희망을 꿈꾸고 이뤄내는 사람들과 마을들이 지금 우리나라에도 아주 많습니다. 그리고 놀라운 속도로 늘어갈 것입니다. 마을에서 들려오는 희망의 소식들에 한번 귀 기울여 보세요. 전국 각지에서 매일매일 희망의 소식들이 들려오고 있습니다.

에른스트 슈마허는 1973년에 『작은 것이 아름답다』는 책을 펴냈습니다. 책 제목도 아름답지만 '인간 중심의 경제를 위하여'라고 적힌 부제도 정감이 갑니다. 큰 것만 아름다운 게 아니고 작은 것도 아름답습니다. 작은 것이 아름다울 뿐만 아니라 작은 것이 밥도 먹여주고, 일자리도 만들어내고, 역사와 환경도 지키고, 마을과 도시의 정체성도 살리는 참한 대안이 될 것임을 믿습니다. '몇 개 안 되는 큰 프로젝트'로 치우치게 먹고 살아가는 방식보다 '아주 많은 작은 프로젝트들'로 고르게 나눠 먹고 살아가는 방식, 그것이 참한 사람들이 사는 참한 도시의 꿈입니다.

찾아보기

ㄱ

거주자우선주차　13, 171, 173, 174, 175, 176
건축　8, 10, 43, 52, 65, 66, 89, 96, 110, 132, 134, 191, 218, 219, 250
건축물　8, 59, 87, 88, 96, 111, 112
건폐율　68, 110, 222
경관　12, 23, 31, 32, 33, 34, 35, 37, 39, 43, 44, 45, 48, 49, 50, 51, 52, 53, 54, 55, 56, 57, 59, 66, 69, 70
경사로　187, 191, 192
계단　172, 186, 189, 190, 191, 192, 200, 202, 204, 207, 282
고건　106, 194, 197, 270
고도 규제　43
고도지구　43, 44, 49, 50, 106
고층화　65, 66, 67
골목길　13, 24, 25, 110, 113, 146, 173, 174, 176, 181, 194, 197, 210, 213, 214, 215, 249, 282
공공디자인　185, 258

공유 공간　176, 179, 243, 251, 252, 253
관계망　243, 245, 246, 251, 253
광로　99, 149, 160, 161
교차로　149, 150, 156, 157, 166, 168, 186, 194, 195, 197, 198
구로카와 기쇼　193
구릉지　17, 32, 33, 34, 50, 51, 52, 53, 54, 55

ㄴ

남산　12, 17, 21, 31, 33, 36, 38, 40, 41, 42, 43, 44, 45, 47, 49, 50, 52, 106, 124, 271
남산 르네상스　270
내사산　17, 20, 48
네덜란드　144, 146, 245
노인 보호구역　146, 151
뉴타운사업　74, 82, 83, 85, 249, 258, 270
능선　20, 23, 127, 136

ㄷ

다가구주택　41, 52, 106, 269
다세대주택　41, 52, 106, 249, 269
다양성　10, 84, 97, 99
단국대　12, 40, 43, 44, 45
단독주택　52, 84, 87, 234, 248, 281, 282
단지계획　67, 70, 71, 72, 77
단체장　41, 85, 141, 142, 226, 248, 262, 278
대각선 횡단보도　150
대니얼 허드슨 버넘　258, 259
대중교통　143, 198, 201, 203, 205, 269, 270
도널드 애플야드　172, 173
도노반 립케마　101
도시 공간　176, 179, 180, 181, 183, 261
도시 구조　20, 21, 99
도시 문제　222, 244, 248, 250, 251, 253, 257, 273, 286, 287
도시경관　31, 40, 42, 56, 57
도시경쟁력　97, 264, 270

도시계획　18, 40, 44, 45, 46, 47, 63, 67, 68, 73, 74, 78, 79, 89, 99, 105, 106, 111, 112, 142, 155, 218, 219, 223, 224, 237, 241, 256, 260, 263, 270, 271, 273, 275
도시계획도로　111, 112
도시미화운동　258, 259
도시설계　8, 9, 10, 11, 24, 40, 49, 63, 67, 73, 77, 79, 99, 109, 110, 111, 112, 127, 155, 185, 211, 212, 218, 219, 220, 223, 241, 256, 257, 260, 261, 263, 264, 273, 275, 285, 291
도시환경정비사업　83, 96
도심재개발　67, 82, 96, 97, 99
동경　12, 26, 94, 133, 134, 135, 136, 137, 141
동네　10, 47, 63, 76, 83, 84, 87, 90, 91, 100, 105, 107, 108, 149, 150, 197, 213, 237, 253, 257, 260, 263, 276, 277, 279, 280, 281,

282, 283, 284
동네 아저씨   14, 279, 280, 281, 283, 284
동대문디자인플라자(DDP)   8, 59, 60, 122, 123, 124, 128
동대문운동장   60, 122, 123, 124, 125, 126, 127, 129, 130, 271
동피랑마을   53, 54
두바이   65, 66, 262
디자인 서울   8, 9, 122, 271

ㄹ

랜드마크   8, 67, 184, 263
러브호텔   13, 221, 222, 223, 224, 225, 226
런던   28, 57, 162, 163, 257
로버타 그라츠   216
르코르뷔지에   73, 74, 257, 259

ㅁ

마을공동체   13, 40, 83, 103, 116, 117, 118, 237, 240, 241, 242, 243, 244, 246, 247, 248, 249, 250, 251, 253, 278

마을 만들기   105, 118, 119, 228, 229, 233, 241, 247, 248, 249, 250, 280
무연사회   245, 250
문제 경관   31, 32, 37, 42, 56, 57
미노베 료기치   141
미노베 방정식   13, 140, 142, 143, 146

ㅂ

박원순   140, 156, 194, 198, 240, 241, 242, 244, 249, 271, 272
배리어 프리   190
베이징라오쯔하오   93, 94
보광동   50, 51
보네르프   13, 140, 143, 144
보전   12, 26, 101, 102, 103, 106, 114, 115, 118, 121, 129, 131, 133, 134, 135, 234, 266, 270, 274,
보존   101, 106, 114, 128, 131, 132, 136, 274
보차공존도로   143, 144, 146, 196
보차혼용도로   146
보행약자   166, 184, 189, 192, 207
보행우선도로   143, 146, 147, 196, 199
보행전용도로   100, 146, 181, 195

보행환경　111, 151, 159, 160, 197, 199, 266, 270
복원　12, 114, 115, 116, 117, 118, 119, 123, 126, 129, 130, 132, 135, 154, 155, 197, 198, 270, 275
부평 문화의 거리　227, 228, 229, 230, 231, 232
부평시장　13, 227
북경　12, 19, 20, 21, 26, 93, 94, 98, 104, 131, 133, 134, 135, 136, 137, 193, 267
북촌　101, 103, 104, 105, 106, 107, 108, 109, 112, 113, 114, 221, 233, 236, 248, 275
북촌 가꾸기　12, 104, 105, 106, 107, 108, 110, 249, 270
빛나는 도시　257, 258, 259, 260
빛나는 전원도시 미화　256, 257, 261

ㅅ
사회적 기업　278, 287
살기 좋은 마을 만들기형 지구단위계획 시범사업(살마지사업)　233, 235, 238, 249
살림　13, 76, 77, 216, 217, 219, 291

삶터　9, 62, 84, 120, 121, 173, 225
샌프란시스코　157, 159, 160, 161
생명체　90, 213, 260, 261, 263, 290, 291
서울성곽　20, 124, 125, 126, 131
서울시정개발연구원　11, 26, 31, 42, 44, 63, 88, 109, 133, 221, 276, 279, 280,
서울휴먼타운사업　249
서원마을　233, 234, 235, 236, 237, 238, 239, 249
성미산마을　241, 251
세빛둥둥섬　8, 61, 271
수원화성　98, 115, 118, 119, 121, 129
쉐어드 스페이스　143
슈퍼블록　99, 161
스쿨존　147, 176, 177
시민　9, 10, 11, 14, 45, 46, 47, 56, 70, 72, 85, 103, 109, 137, 140, 154, 157, 168, 181, 182, 183, 199, 203, 217, 218, 222, 224, 225, 226, 227, 228, 230, 237, 240, 241, 242, 253, 255, 256, 260, 263, 265, 266, 268, 269, 271,

273, 272, 275, 277, 278
시민 단체   109, 193, 194, 222, 269
시안   22, 23, 131, 132
시장(市長)   8, 9, 14, 44, 47, 61, 72,
  85, 106, 108, 115, 122, 140, 141,
  156, 194, 197, 198, 224, 234, 240,
  241, 242, 244, 245, 249, 268,
  269, 270, 271, 272
시정   14, 40, 42, 197, 240, 249, 268,
  269, 270, 271, 272,
신도시   41, 54, 75, 76, 77, 115, 116,
  120, 169, 210, 211, 217, 221, 222,
  223, 225, 252, 258, 269
신풍초등학교   115, 116, 117, 118, 119, 120
신호주기   160, 161, 166, 167, 168, 169,
  170, 280
실버존   147

ㅇ
아마존   176, 177, 178, 198
아파트   6, 7, 28, 33, 35, 36, 38, 41,
  43, 50, 51, 52, 57, 58, 59, 64,
  67, 68, 69, 70, 71, 76, 77, 83, 88,
  100, 107, 140, 146, 150, 154, 174,
  222, 223, 224, 243, 246, 249,
  252, 253, 258, 278, 281, 282,
  283, 286
안전섬   160, 162, 163, 164, 165
어린이 보호구역   146, 151
언덕   12, 17, 20, 23, 30, 31, 34, 48,
  49, 50, 51, 53, 54, 65, 74, 75, 77,
  84, 127, 136, 186, 212
에른스트 슈마허   288
에버네저 하워드   257, 259
에스컬레이터   13, 200, 201, 202, 203,
  204, 205, 206, 207, 208, 280
역사도시   18, 22, 26, 97, 118, 131, 133,
  134, 135, 136, 137, 213, 274, 275
영국   123, 144, 162, 163, 257
오세훈   8, 9, 72, 122, 194, 198, 270,
  271, 272
오픈스페이스   68, 179, 257
외사산   17, 48
외인아파트   40, 41, 42
용도 분리   99
용적률   41, 46, 68, 69, 70, 71, 222,
  269, 270
우화관   115, 116, 117, 118, 119

위압경관 32, 33, 34, 35, 56, 57
유기체 290, 291
유니버설 디자인 190
유클리드 조닝 46
육교 13, 150, 151, 154, 156, 184, 185, 186, 187
응봉 30, 31, 33, 50, 52
이간수문 123, 124, 125, 126, 127, 130
이명박 74, 198, 270, 271, 272
인사동 12, 104, 105, 108, 109, 110, 111, 112, 113, 154, 181, 213, 214, 215, 221, 265, 270, 271
일본 27, 34, 53, 88, 89, 94, 142, 143, 144, 146, 170, 174, 193, 247
일산 40, 75, 76, 77, 79, 154, 168, 169, 182, 217, 218, 221, 222, 223, 225, 252, 280, 283
입면적 34, 35, 36, 37, 38

ㅈ

자동차 대중화 시대 142, 174
자연경관지구 43, 50
잠식경관 32, 33, 34, 56, 57
잠실 29, 37, 58, 65, 66, 67, 68, 69, 72, 150, 151, 153, 157, 158, 159, 160, 161, 166, 217
장수마을 54, 55, 121
재건축 7, 41, 67, 69, 70, 72, 74, 123, 130, 248, 249, 258, 261
재개발 12, 40, 41, 52, 74, 82, 83, 84, 85, 87, 88, 89, 90, 91, 96, 97, 98, 100, 103, 106, 142, 248, 249, 256, 258
재개발구역 83, 87, 90, 91, 96, 260
재개발사업 52, 59, 90, 96
전망 12, 63, 64, 65, 253, 261
전원도시 257, 258, 259, 260
정도 600년 40, 41, 42, 269, 274
정체성 14, 18, 25, 84, 97, 128, 137, 264, 265, 266, 267, 288
정치 14, 77, 210, 273, 274, 275, 278
제브러 횡단보도 163, 164
제인 제이콥스 14, 99, 256, 260, 261, 262, 263
조닝 45, 46, 99, 270
조망 17, 24, 34, 42, 46, 47, 50, 66, 70, 71, 136, 258, 262, 263
조순 108, 194, 269

찾아보기 295

종세분화 52, 53, 270, 271
주거환경 99, 225, 226, 250, 253
주말농장 283
주민 7, 11, 47, 72, 75, 84, 85, 87,
    88, 90, 103, 106, 107, 108, 113,
    116, 117, 119, 120, 142, 144, 168,
    175, 176, 177, 198, 217, 218, 222,
    223, 225, 226, 228, 229, 230,
    234, 235, 236, 237, 238, 239,
    243, 244, 245, 248, 249, 252,
    253, 260, 263, 275, 279
주민공동체 103, 107, 112
주민참여형 주거재생사업 249
주상복합 38, 65, 71, 93, 222, 259
주택개량재개발 96
주택재개발사업 52, 96
중국 19, 21, 22, 23, 88, 89, 93, 131,
    132, 134, 135, 253, 266, 267
중화라오쯔하오 93, 94
지구단위계획 107, 109, 111, 113, 223,
    233, 234, 249
지방자치단체 93, 155, 233, 247
지속가능성 21, 77, 79
지속가능한 개발 78

지형 17, 20, 21, 32, 33, 34, 49, 50,
    51, 52, 54, 55, 57, 75, 77, 124,
    125, 129 136, 187, 189, 211, 212
진정성 10, 115, 129, 130

ㅊ

차 없는 거리 108, 109, 181, 182, 183,
    195, 199, 228
차고지증명제 174, 175
차폐경관 32, 33, 34, 35, 56, 57, 59
차폐 34, 35, 36, 38
청계천 48, 82, 97, 124, 130, 132,
    270, 271
초고층 건물 66, 67, 68, 257, 261, 262
총괄계획가(MP) 233, 234, 239
치성(雉城) 123, 126, 127, 129, 130
친환경 21, 77

ㅋ

카를스루에 24, 25
크리스토퍼 알렉산더 9, 285

ㅌ

태극도마을 53, 54, 55

투캔 횡단보도　164, 165
트래픽 카밍　145

ㅍ

파리　24, 25, 28, 57, 162, 180, 181, 257
페가수스 횡단보도　164, 165
펠리컨 횡단보도　163, 164, 165
평지　17, 20, 30, 48, 50, 53, 75, 77, 191
풍치지구　43, 44
프라하　12, 56, 57, 58, 59
프랑스　162, 180, 181
피터 바살러뮤　87, 88, 90

ㅎ

하도감 터　123, 126, 127, 130
한강　8, 12, 17, 23, 27, 28, 29, 30, 31, 32, 33, 34, 35, 37, 38, 39, 42, 47, 48, 49, 50, 51, 56, 64, 68, 69, 70, 71, 72, 77, 78, 79, 271
한강 르네상스　8, 271
한양도성　23, 24, 28, 48, 67, 121, 124, 126, 127, 128, 129, 130, 132, 211, 278
한옥　87, 88, 89, 91, 103, 106, 107, 108, 110, 111, 113, 114, 243, 248, 249, 275
한옥마을　105, 107, 233, 236, 248, 249
협동조합　253, 278, 287
활동가　11, 152, 222, 223, 241, 242
획일경관　32, 33, 34, 56, 57, 58, 59
횡단보도　13, 90, 124, 148, 149, 150, 151, 152, 153, 154, 155, 156, 157, 158, 159, 160, 161, 162, 163, 164, 165, 166, 168, 169, 170, 171, 184, 185, 186, 187, 194, 195, 197, 198, 206, 280
희망서울 정책자문위원회　240, 241
화성복원사업　115, 116

나는 튀는 도시보다 참한 도시가 좋다

정석 교수의 도시설계 이야기

1판 1쇄 펴냄 | 2013년 5월 25일
1판 7쇄 펴냄 | 2024년 5월 30일

지은이 정석
펴낸이 송영만
디자인 자문 최웅림

펴낸곳 효형출판
출판등록 1994년 9월 16일 제406-2003-031호
주소 10881 경기도 파주시 회동길 125-11(파주출판도시)
전자우편 editor@hyohyung.co.kr
홈페이지 www.hyohyung.co.kr
전화번호 031 955 7600 | **팩스** 031 955 7610

ISBN 978-89-5872-118-5 03540

이 책에 실린 글과 사진은 효형출판의 허락 없이 옮겨 쓸 수 없습니다.

값 16,000원